Frank Ziegler · Gewusst wie

Normen und Vorschriften im Berufsalltag der Elektrofachkraft

de-FACHWISSEN

Die Fachbuchreihe
für Elektro- und Gebäudetechniker
in Handwerk und Industrie

Frank Ziegler

Gewusst wie

Normen und Vorschriften im Berufsalltag der Elektrofachkraft

Hüthig · München/Heidelberg

Produktbezeichnungen sowie Firmennamen und Firmenlogos werden in diesem Buch ohne Gewährleistung der freien Verwendbarkeit benutzt.
Von den im Buch zitierten Vorschriften, Richtlinien und Gesetzen haben stets nur die jeweils letzten Ausgaben verbindliche Gültigkeit.
Autoren und Verlag haben alle Texte, Abbildungen und Softwarebeilagen mit großer Sorgfalt erarbeitet bzw. überprüft. Dennoch können Fehler nicht ausgeschlossen werden. Deshalb übernehmen weder Autoren noch Verlag irgendwelche Garantien für die in diesem Buch gegebenen Informationen. In keinem Fall haften Autoren oder Verlag für irgendwelche direkten oder indirekten Schäden, die aus der Anwendung dieser Informationen folgen.

Bibliografische Information Der Deutschen Bibliothek
Die Deutsche Bibliothek verzeichnet diese Publikation in der Deutschen Nationalbibliografie; detaillierte bibliografische Daten sind im Internet über http://dnb.ddb.de abrufbar.

Möchten Sie Ihre Meinung zu diesem Buch abgeben?
Dann schicken Sie eine E-Mail an das Lektorat
im Hüthig Verlag:
buchservice@huethig.de
Autor und Verlag freuen sich über Ihre Rückmeldung.

ISSN 1438-8707
ISBN 978-3-8101-0462-5

Printed in Germany
Titelgrafik, Layout, Satz: schwesinger, www.galeo.de
Foto Cover links: © shutterstock 530116852, Triff
Foto Cover rechts und Innenteil: © Frank Ziegler
Druck: Westermann Druck Zwickau GmbH

Inhaltsverzeichnis

Vorwort

In diesem Buch werden typische Praxisfälle aus der Elektrotechnik aufgezeigt und normativ bewertet. Der Titel eignet sich als Standardwerk für jede Elektrofachkraft, die mit der Installation, Planung oder Prüfung von elektrischen Anlagen betraut ist.

Den finalen Ausschlag für die Umsetzung dieses Buchprojekte gaben die zahlreichen Rückmeldungen, die ich in meiner Tätigkeit als Sachverständiger von Elektrofachkräften erhielt, dass die Anwendung bzw. die praxisgerechte Umsetzung von Normen und Vorschriften in den letzten Jahren deutlich an Komplexität zugenommen habe.

Die Vorgaben des Gesetzgebers bzw. der Exekutive und der elektrotechnischen Normung beziehen sich aufgrund der immer höheren technischen Ausstattung und des allgemein gestiegenen Sicherheitsbedürfnisses in den letzten Jahren auf immer komplexere Zusammenhänge, die oft für die Elektrofachkräfte nur noch sehr schwer in ihrer Gesamtheit zu überblicken sind.

Somit befasst sich dieses Buches, neben den bekannten Sachverhalten, Normen und technischen Parametern mit den zum Teil tiefgreifenden Neuerungen der elektrotechnischen Normung der letzten Jahre und der zum Verständnis notwendigen Schutzzielanforderungen, die zum Umsetzen der normativen Anforderungen in der täglichen Praxis unerlässlich sind.

Die in dem Buch beschriebenen Praxisfälle stammen alle aus meiner Praxis als Sachverständiger und wurden von Planern, Errichtern oder anderen Sachverständigen als Fragestellung bzw. zur Beurteilung an mich herangetragen.

Aus diesem Grund wurde der Aufbau dieses Buches von mir so gewählt, dass auf das beschriebene Praxisproblem die Antwort inklusive der normativen Herleitung und der Definition der grundlegenden Schutzzielanforderungen folgt. Auf diese Weise soll die Anwendung der Normen in der täglichen Praxis erleichtert werden.

Mein besonderer Dank gilt allen Elektrofachkräften, die mich mit teilweise sehr komplexen Fragestellungen bzw. zu beurteilenden Praxisproblemen zur Umsetzung dieses Buchprojektes animiert bzw. ermuntert haben.

Ganz besonders ist hier Herr *Daniel Haase* (Sachverständiger für Elektrotechnik) hervorzuheben, der durch einen regen Erfahrungsaustausch viele Impulse zur Entstehung dieses Fachbuches geliefert hat.

Frank Ziegler

1 Rechtsgrundlagen

Zum Grundverständnis der nachfolgenden Kapitel dieses Buches ist es von Bedeutung, dass die Elektrofachkraft, der Planer, Errichter oder Prüfer der elektrischen Anlage ein Grundgerüst an rechtlichem Hintergrundwissen erlangt. Nach diesem Anspruch ist der Inhalt dieses ersten Kapitels ausgewählt und von mir zusammengestellt worden.

Wie mich meine Erfahrung als Sachverständiger für Elektrotechnik gelehrt hat, wird das, was der Praktiker nicht wirklich verstanden hat, in der Praxis trotz aller Vorschriften bestenfalls halbherzig und meist widerwillig und dann fast auch immer falsch umgesetzt.

Dieser Erfahrungswert gilt für technische Sachverhalte, aber auch und noch viel mehr für rechtliche Grundlagen bzw. für normative Anforderungen. In diesem Buch wird deshalb versucht, den Brückenschlag zwischen den komplexen und meist für den Praktiker sehr abstrakten Anforderungen der Normen und ihrer praktischen Umsetzung im Alltag bzw. ihrer Übertragung auf zum Teil komplexe Praxisprobleme zu bewerkstelligen. Da ohne die Umsetzung der rechtlichen oder normativen Anforderungen auch keine korrekte Anlagenerrichtung, Anlagenplanung oder Anlagenüberprüfung erfolgen kann, wird zur Einführung der normative bzw. rechtliche Rahmen aufgezeigt und zum Teil zum besseren Verständnis auch kommentiert.

1.1 Normativ und rechtlich relevante Begriffe

Technische Regelwerke bzw. Normen können zu einem bestimmten Zeitpunkt einen technischen Standard beschreiben bzw. diesen widerspiegeln. Das Bundesverfassungsgericht (BVerfG) hat in seiner „Kalkar-Entscheidung“ vom 8.8.1978 – BVerfGE 49, 89 (135 f.) – die drei grundlegenden technischen Standards, die das deutsche Recht prägen, herausgearbeitet.

Danach wird zwischen den (allgemein) anerkannten Regeln der Technik, dem Stand der Technik und dem Stand von Wissenschaft und Technik unterschieden. Diesen technischen Standards ist gemein, dass sie hauptsächlich durch die nachfolgenden Elemente beschrieben werden: erstens dem Grad der fachlichen bzw. wissenschaftlichen Anerkennung durch die maßgebenden Fachkreise und zweitens der Bewährung der jeweiligen Vorgaben in der Praxis des jeweiligen Fachgebietes.

Die allgemein anerkannten Regeln der Technik bezeichnen die Gesamtheit der in der Baupraxis bewährten Konstruktionsgrundsätze (technische Verfahren etc.), die die große Mehrheit der maßgebenden Fachkreise als richtig ansieht und in der täglichen Praxis auch anwendet (vgl. BGH, Urteil vom 04.06.2009, Az. VII ZR 54/07). Der Stand der Technik wird als „Regeln“ definiert, die noch nicht als allgemein anerkannt angesehen werden können. Sie spiegeln zwar den Stand der technischen Erkenntnisse zum betrachteten Zeitpunkt wider, ihnen fehlt jedoch noch die grundlegende Anwendung in der Praxis.

Der Stand der Technik ist somit gegenüber den allgemein anerkannten Regeln der Technik aus Sicht des Elektrohandwerkers ein höherwertiger technischer Standard. Anders als die allgemein anerkannten Regeln der Technik muss der Stand der Technik, wenn er nicht ausdrücklich von Rechtsnormen gefordert wird, nicht zwangsläufig angewendet werden.

Der höchste Standard ist der Stand von Wissenschaft und Technik. Hierunter sind die neuesten wissenschaftlichen Erkenntnisse der Forschungsansätze zu verstehen, auch wenn sie in die betriebliche Praxis noch überhaupt keinen Eingang gefunden haben.

Der Stand von Wissenschaft und Technik hat, was die rechtlichen Anwendung angeht, für Sie, liebe Leser, praktisch keine Bedeutung, da hier die rechtlich relevante Verknüpfung mit der Praxis ausdrücklich **nicht** gegeben ist.

Zusammenfassend ist für die Elektrofachkraft, den Errichter, den Planer oder Prüfer einer elektrischen Anlage wichtig, sich immer am technischen **Mindeststandard** der allgemein anerkannten Regeln der Technik auszurichten und diesen **nicht** zu unterschreiten.

Allerdings schützt das pauschale Anwenden von technischen Normen ausdrücklich nicht vor der Gefahr, dass diese Normen durch die technische Weiterentwicklung nicht mehr als allgemein anerkannte Regeln der Technik angesehen werden.

Anbei ein Beispiel aus dem Bereich der Schalldämmung:

Der BGH hat, u.a. mit Urteil vom 4. Juni 2009 – VII ZR 73/13 –, festgestellt, dass eine Schalldämmung nach DIN 4109 nicht mehr den allgemein anerkannten Regeln der Technik entspricht, sondern hinter diesen zurückbleibt.

Der entsprechende Rechtsgrundsatz dazu lautet:

„Der Senat hat wiederholt darauf hingewiesen, dass DIN-Normen keine Rechtsnormen sind, sondern nur private technische Regelungen mit Empfehlungscharakter.

***DIN-Normen können die anerkannten Regeln der Technik wiedergeben oder hinter diesen zurückbleiben** (...). Die Anforderungen an den Schallschutz unterliegen einer dynamischen Veränderung. Sie orientieren sich einerseits an den aktuellen Bedürfnissen der Menschen nach Ruhe und individueller Abgeschiedenheit in den eigenen Wohnräumen. Andererseits hängen sie von den Möglichkeiten des Baugewerbes und der Bauindustrie ab, unter Berücksichtigung der wirtschaftlichen Interessen beider Vertragsparteien möglichst umfangreichen Schallschutz zu gewährleisten.*

In privaten technischen Regelwerken festgelegte Schalldämm-Maße können nicht als anerkannte Regeln der Technik herangezogen werden, wenn es wirtschaftlich akzeptable, ihrerseits den anerkannten Regeln der Technik entsprechende Bauweisen gibt, die ohne weiteres höhere Schalldämm-Maße erreichen."

Urteil des BGH 4. Juni 2009 – VII ZR 73/13

Auch wenn mir ein gleichwertiges Urteil im Rahmen der elektrotechnischen Normen nicht bekannt ist, zeigt dieses Beispiel des BGH, dass die pauschale Anwendung von technischen Normen keine abschließende Sicherheit bringt, nicht rechtlich sanktioniert zu werden.

Hierzu ein Zitat eines Urteils, das für diesen Sachverhalt relevant ist:

„DIN-Normen sind private technische Regelungen mit Empfehlungscharakter, die die allgemein anerkannten Regel der Technik zwar wiedergeben, aber auch schlechthin falsch sein können."

Auszug aus dem Urteil BGH-Urteil (AZ VIIZR 184/97 vom 14.05.1998)

Technische Regelwerke oder Normen bzw. genauer die in ihnen enthaltenen technischen Vorgaben besitzen somit sowohl im Zivilrecht als auch im öffentlichen Recht „nur" eine juristisch wiederlegbare Vermutungswirkung.

So wird z. B. vermutet, dass eine Bauleistung, die einschlägigen DIN-Normen entspricht, die geschuldeten allgemein anerkannten Regeln der Technik erfüllt, siehe hierzu den § 49 des Energiewirtschaftsgesetzes:

„(1) Energieanlagen sind so zu errichten und zu betreiben, dass die technische Sicherheit gewährleistet ist. Dabei sind vorbehaltlich sonstiger Rechtsvorschriften die allgemein anerkannten Regeln der Technik zu beachten.

(2) Die Einhaltung der allgemein anerkannten Regeln der Technik wird vermutet, wenn bei Anlagen zur Erzeugung, Fortleitung und Abgabe von

1. Elektrizität die technischen Regeln des Verbandes der Elektrotechnik Elektronik Informationstechnik e. V. eingehalten worden sind."

Diese Vermutung ist zwar widerlegbar, jedoch im Zivilrecht wie im Öffentlichen Recht grundsätzlich juristisch mit einer Umkehr der Darlegungs- und Beweislast verknüpft.

1.2 Verknüpfung der allgemein anerkannten Regeln der Technik mit verschiedenen Vorschriften

1.2.1 Berufsgenossenschaftliche Vorschriften

Eine weitere Möglichkeit, technische Normen in die Quasi-Rechtsverbindlichkeit zu erheben, ist, sie in Gesetzen, Verordnungen oder anderen ermächtigten Rechtsvorschriften (z. B. Berufsgenossenschaftliche Vorschriften) als verbindlich zu benennen, so z. B. in der DGUV-V-3 § 2 Absatz 2:

„Elektrotechnische Regeln im Sinne dieser Unfallverhütungsvorschrift sind die allgemein anerkannten Regeln der Elektrotechnik, die in den VDE-Bestimmungen enthalten sind, auf die die Berufsgenossenschaft in ihrem Mitteilungsblatt verwiesen hat. Eine elektrotechnische Regel gilt als eingehalten, wenn eine ebenso wirksame andere Maßnahme getroffen wird; der Berufsgenossenschaft ist auf Verlangen nachzuweisen, dass die Maßnahme ebenso wirksam ist."

1.2.2 Bereich des Arbeitsschutzes

Eine Ausnahme vom Grundsatz zur Einhaltung der allgemein anerkannten Regeln der Technik als Mindeststandard gilt in dem Fall, wenn durch den Gesetzgeber in einer Rechtsvorschrift (z. B.Gesetz oder Verordnung) ausdrücklich der **Stand der Technik** gefordert ist, wie es z. B.im kompletten Bereich des Arbeitsschutzes durch das Arbeitsschutzgesetz und die Betriebssicherheitsverordnung gegeben ist. In diesem Fall muss vom Anwender sehr genau der aktuelle **Stand der Technik** ermittelt werden und dieser dann auch in der Praxis umgesetzt werden. Zur Ermittlung des Standes der Technik können neu herausgegebene oder technisch noch aktuelle Normen oder auch Herstellervorgaben herangezogen werden.

1.2.3 Werkvertragsrecht

BGB-Werkvertrag

In Bezug auf § 633 Abs. 2 BGB ist ein Werk, z. B.eine elektrische Anlage, frei von Sachmängeln, wenn es die vereinbarte Beschaffenheit hat. Soweit die Beschaffenheit nicht vereinbart ist, ist das Werk frei von Sachmängeln, wenn es sich für die nach dem Vertrag vorausgesetzte gewöhnliche Verwendung eignet und eine Beschaffenheit aufweist, die bei Werken in der gleichen Art üblich ist und die der Besteller (Auftraggeber) nach der Art und Umfang des Werkes erwarten bzw. voraussetzen kann.

Hinweis

Zur Einhaltung der Anforderung, ob sich ein Werk zur gewöhnlichen Verwendung eignet und eine geeignete Beschaffenheit aufweist, wird auch die Einhaltung der allgemein anerkannten Regeln der Technik herangezogen und somit praktisch vorausgesetzt.

VOB/B-Werkvertrag

§ 13 Abs. 1 Satz 2 VOB /B bestimmt zudem, dass die Leistung zur Zeit der Abnahme frei von Sachmängeln ist, wenn sie die vereinbarte Beschaffenheit hat und den anerkannten Regeln der Technik entspricht.

Hinweis

Hier ist klar die Verknüpfung mit den anerkannten Regeln der Technik bzw. den allgemein anerkannten Regeln der Technik gegeben.

Somit sind für die Definition der geschuldeten Leistung in erster Linie die ausdrücklich vertraglich getroffenen Vereinbarungen maßgeblich; es gilt der sogenannte juristische subjektive Fehlerbegriff (siehe nachfolgenden Hinweis und vgl. OLG Koblenz, Beschluss vom 20.08.2009 – 1 U 295/09). Ist die Einhaltung eines bestimmten technischen Standards oder einer konkreten technischen Regel vertraglich jedoch nicht ausdrücklich geregelt, vereinbaren die Vertragsparteien praktisch automatisch und stillschweigend als Mindeststandard die Einhaltung der allgemein anerkannten Regeln der Technik.

Soll zwischen Vertragsparteien ein technisch höherer Standard vereinbart werden, muss dies rechtlich nachweisbar über eine separate Vereinbarung erfolgen.

Auszug aus dem Urteil OLG Koblenz, 20.08.2009 – 1 U 295/09:

Redaktioneller Leitsatz:

„1. Wird bei der Ausschreibung von Bauleistungen in dem der späteren Auftragserteilung zu Grunde liegenden Leistungsverzeichnis bezüglich des zu verwendenden Materials ein bestimmtes Fabrikat zwingend vorgeschrieben, liegt bei Verwendung eines anderen Fabrikats auch dann ein Mangel der Werkleistung vor, wenn dieses gleichwertig und die Gebrauchstauglichkeit objektiv nicht beeinträchtigt ist.“

Hinweis

Im Werkvertragsrecht gilt der subjektive Fehlerbegriff: Es genügt die Abweichung der Ist- von der Sollbeschaffenheit. Deshalb können auch nur unerhebliche Abweichungen vom vertraglich vorausgesetzten Gebrauch einen Mangel darstellen, selbst wenn die Gebrauchstauglichkeit objektiv und vom fachlichen Standpunkt nicht beeinträchtigt ist. Jede

Abweichung von der Beschaffenheitsvereinbarung stellt somit einen Sachmangel dar, ohne dass es hierbei auf ein Verschulden des Werkunternehmers ankommt.

1.2.4 Herstellervorgaben (Produkthersteller)

Bei ausdrücklicher vertraglicher Vereinbarung können Herstellerangaben zum Vertragsinhalt werden. Eine Werkleistung kann dann zivilrechtlich mangelhaft sein, wenn sie einerseits hinter den allgemein anerkannten Regeln der Technik zurückbleibt und/oder andererseits die Herstellerangaben bei der Umsetzung der Produktverarbeitung oder Produktverwendung nicht eingehalten wurden, siehe hierzu OLG Celle, Urteil vom 11.06.2008, Az. 14 U 213/07 – *Abweichungen von der vertraglich vereinbarten Beachtung der DIN-Vorschriften sowie der Einbauvorschriften und Verlegevorschriften der Herstellerwerke als Mangel im Werkvertragsrecht; Schadensersatzanspruch wegen der Mangelhaftigkeit einer Werksleistung.*

Redaktioneller Leitsatz aus dem Urteil:
„Haben Werkvertragsparteien für die Ausführung der geschuldeten Leistung mehr als den unbedingt erforderlichen Mindeststandard vereinbart, reicht eine Einhaltung dieses Mindeststandards für eine Mangelfreiheit des Werkes auch dann nicht aus, wenn dadurch die Gebrauchstauglichkeit objektiv nicht beeinträchtigt wird. Auf ein Verschulden kommt es in diesem Zusammenhang nicht an."

Hinweis
In den DIN-VDE-Normen sind bewusst Bezüge auf die Einhaltung der Herstellervorgaben durch den Anlagenerrichter eingearbeitet worden, somit ist die Einhaltung der verbindlichen Herstellervorgaben (Produkthersteller) im Bereich der Planung, Errichtung und Prüfung elektrischer Anlage auch in den einschlägigen technischen Regeln verankert.

1.2.5 Verkehrssicherungspflichten

Außerhalb des Zivilrechts sind technische Regelwerke, vorrangig natürlich sicherheitsrelevante technische Regeln oder Normen, im sogenannten Deliktrecht von Bedeutung. In Fällen, in denen von der Rechtsprechung zu beurteilen ist, ob eine Verkehrssicherungspflicht durch fahrlässiges Handeln (aktives negatives Handel oder Unterlassen einer Obliegenheitspflicht) verletzt worden ist, können entsprechende Normen oder technische Vorschriften das entscheidende Indiz liefern.

1.2.6 Strafrechtliche Anforderungen

Technische Normen und Vorschriften können im Rahmen von Straftatbeständen, wie vorab schon mehrfach aufgeführt, von Bedeutung sein.

Um nur einen der häufigsten und typischsten Straftatbestände im Bereich der Errichtung und Planung elektrischer Anlagen zu benennen, wird § 319 StGB (Baugefährdung) aufgeführt:

„Danach wird mit Freiheitsstrafe bis zu 5 Jahren oder mit Geldstrafe bestraft, wer bei der Planung, Leitung oder Ausführung eines Baus gegen die ***allgemein anerkannten Regeln der Technik*** *verstößt und dadurch Leib oder Leben eines anderen Menschen gefährdet."*

Hinweis
Weitere rechtlich relevante Bezüge in Rechtsvorschriften und Gesetzen sind in VDE 022 (Satzung für das Vorschriftenwerk des VDE Verbandes der Elektrotechnik, Elektronik und Informationstechnik e.V.) im Abschnitt 9 enthalten.

1.3 Grundsätze der Normung

Im Folgenden werden die Grundsätze der Normung aufgezählt, durch die erst eine rechtliche Bezugnahme auf technische Normen ermöglicht wird.

Grundsätze der DIN-820-Normenreihe:

- Die Anwendung der Normen des Deutschen Normenwerkes steht jedermann frei; es besteht also kein rechtlicher Anwendungszwang.
- Bei sicherheitstechnischen Festlegungen in DIN-VDE-Normen besteht eine tatsächliche rechtliche Vermutung dafür, dass sie fachgerecht, d. h. „anerkannte Regeln der Technik" sind.
- Die Normen bilden in der Regel einen Maßstab für einwandfreies technisches Verhalten.
- Eine Anwendungspflicht kann sich aufgrund von Rechts- und Verwaltungsvorschriften sowie aufgrund von Verträgen oder sonstigen Rechtsgründen ergeben.
- Anwender von Normen dürfen vom zuständigen Arbeitsgremium die Auslegung eines Textes verlangen.

Zusätzlich zu den vorab aufgeführten rechtlichen Grundlagen und Definitionen von in diesem Kontext relevanten Begrifflichkeiten bzw. unbestimmten Rechtsbegriffen, ist es für die Elektrofachkraft von entscheidender Bedeutung, auch die im Bereich der elektrotechnischen Normen verwendeten Begrifflichkeiten (sogenannten Hilfsverben)in Bezug auf ihre rechtliche Relevanz interpretieren zu können, siehe hierzu die **Tabellen 1.1** bis **1.4.**

Anmerkung: Hiermit sind ausdrücklich keine technischen Fachbegriffe gemeint.

Verbform	gleichbedeutende Ausdrücke für die Anwendung in Ausnahmefällen	normative und rechtliche Bedeutung (Kommentar)
muss	ist zu ist erforderlich ist erforderlich, dass hat zu lediglich ... zulässig es ist notwendig	normativ verbindliche Festlegung (bejahende Festlegung)
darf nicht	es ist nicht zulässig (erlaubt) es ist unzulässig es ist nicht zu es hat nicht zu	normativ verbindliche Festlegung (verneinende Festlegung)

Tabelle 1.1 *Verbformen für verbindliche Anforderungen*
Auszug aus Tabelle H1, Anhang H der CENELEC-Geschäftsordnung Teil 3

Verbform	gleichbedeutende Ausdrücke für die Anwendung in Ausnahmefällen	normative und rechtliche Bedeutung (Kommentar)
solte	es wird empfohlen, dass … es ist in der Regel …	normativ **nicht** verbindliche Festlegung (Empfehlung)
sollte nicht	es wird nicht empfohlen es sollte vermieden werden	normativ **nicht** verbindliche Festlegung (Empfehlung)

Tabelle 1.2 *Verbformen für besondere Empfehlungen*
Auszug aus Tabelle H2, Anhang H der CENELEC-Geschäftsordnung Teil 3

Hinweis

„Die Verbformen müssen angewendet werden, wenn von mehreren Möglichkeiten eine besonders empfohlen wird, ohne andere Möglichkeiten zu erwähnen oder auszuschließen, oder wenn eine bestimmte Handlungsweise vorzuziehen ist, aber nicht unbedingt gefordert wird oder wenn (in der negativen Form) von einer bestimmten Möglichkeit oder Handlungsweise abgeraten wird, diese jedoch nicht verboten ist."

(Anhang H der CENELEC-Geschäftsordnung Teil 3)

Verbform	gleichbedeutende Ausdrücke für die Anwendung in Ausnahmefällen	normative und rechtliche Bedeutung (Kommentar)
darf	ist zugelassen ist zulässig … auch …	normativ verbindliche Festlegung ohne andere gleichwertige Möglichkeiten auszuschließen
braucht nicht	ist nicht erforderlich keine … nötig	normativ verbindliche Festlegung ohne andere gleichwertige Möglichkeiten auszuschließen

Tabelle 1.3 *Verbformen zur Angabe von zulässigen Handlungsweisen*
Auszug aus Tabelle H3, Anhang H der CENELEC-Geschäftsordnung Teil 3

Hinweis

„Die Verbformen müssen angewendet werden, um eine im Rahmen dieses Dokuments zulässige Handlungsweise anzugeben."

Verbform	gleichbedeutende Ausdrücke für die Anwendung in Ausnahmefällen	normative und rechtliche Bedeutung (Ergänzung vom Autor)
kann	vermag es ist möglich, dass … es lässt sich … in der Lage (sein) zu …	nicht verbindliche normative Empfehlung (Hinweis auf eine Gegebenheit)
kann nicht	vermag nicht es ist nicht möglich, dass … …lässt sich nicht	nicht verbindliche normative negative Empfehlung (Hinweis auf eine zu verneinende Gegebenheit)

Tabelle 1.4 *Verbformen zur Angabe von Möglichkeiten und Vermögen*
Auszug aus Tabelle H4, Anhang H der CENELEC-Geschäftsordnung Teil 3

Hinweis

„Die Verbformen müssen zur Angabe von Möglichkeiten und Vermögen, sowohl in physischem als auch physikalischem oder kausalem Zusammenhang angewendet werden."

Zum Abschluss noch ein Auszug aus dem BGB, §675 zum rechtlichen Bereich von Empfehlungen:

„Wer einem anderen einen Rat oder eine Empfehlung erteilt, ist – unbeschadet der sich aus einem Vertragsverhältnis, einer unerlaubten Handlung oder einer sonstigen gesetzlichen Bestimmung ergebenden Verantwortlichkeit – zum Ersatz des aus der Befolgung des Rates oder der Empfehlung entstehenden Schadens ***nicht*** *verpflichtet."*

2 Praxisfälle und deren normative und praktische Bewertung im Bereich der Energietechnik

In diesem Kapitel werden Praxisfälle aus dem Bereich der Energietechnik dargestellt und anhand der im Kapitel 1 aufgezeigten Grundsätze und Bewertungsmaßstäbe im Anschluss kommentiert.

Zielstellung ist es, dem Errichter, Planer oder Prüfer elektrischer Anlagen im Bereich der Energietechnik (Schwerpunkt Niederspannungsanlagen) normative Neuerungen, aber auch alt hergebrachte Problemstellungen zu erläutern und ihm Lösungsansätze für die praktische Umsetzung an die Hand zu geben. Ein besonderes Augenmerk wird dabei auch darauf gelegt, dass der Normenanwender die *„normativen Schutzziele"* nachvollziehen und seine Entscheidungen an diesen ausrichten kann. Dies ist umso wichtiger, da im Zeitalter der international harmonisierten elektrotechnischen Normung die Anwendung der Normen für den Praktiker nicht einfacher wird.

Folgende DIN-VDE-Normen werden in ihrer gültigen Fassung Stand 2018 kommentiert und als Maßstab für die Bewertung der einzelnen Praxisfälle herangezogen. Weiterführende Normen und Vorschriften sind beim jeweiligen Praxisfall noch zusätzlich aufgeführt.

- DIN VDE 0100-410
- DIN VDE 0100-420
- DIN VDE 0100-430
- DIN VDE 0100-460
- DIN VDE 0100-510
- DIN VDE 0100-520
- DIN VDE 0100-530
- DIN VDE 0100-540

Hinweis

In den folgenden Praxisfällen liegt der Fokus auf bestimmten Abweichungen von Normen und Herstellervorgaben. Dies soll jedoch keine allumfassende Bewertung des jeweiligen Falles darstellen. Eventuelle weitere erkennbare Abweichungen sollen nicht bewertet werden.

2.1 Unterputzinstallation

Bild 2.1 zeigt eine Leitung, deren Leitungsmantel nicht bis in die Unterputzdose geführt wurden.

Bild 2.1

Normativer Bewertungsansatz

1. DIN VDE 0100-410 VDE 0100-410:2007-06, Abschnitt 4.12.1 – Schutzmaßnahmen gegen elektrischen Schlag:

Nach der Norm ist bei dieser Konstellation die doppelte Isolierung der Leitung nicht mehr durchgängig gegeben.

Hinweis
Bei Kabel und Leitungen wird der Schutz gegen elektrischen Schlag in der Regel durch die Anwendung der Schutzmaßnahme „Doppelte oder Verstärkte Isolierung" sichergestellt. Dies ist selbstverständlich in der oben aufgeführten Konstellation nicht mehr gegeben.

2. DIN VDE 0100-520 VDE 0100-520:2013-06, Abschnitt 521.10:

Die hier sichtbaren Aderleitungen (basisisolierte Leiter) dürfen nicht direkt im Putz verlegt werden.

Hinweis
Diese in der Praxis immer wieder vorkommende handwerkliche Unzulänglichkeit bedarf eigentlich keiner normativen Bewertung und sollte für jede Elektrofachkraft als klare handwerkliche und normative Abweichung erkennbar sein.

2.2 Leuchte als Klemmstelle verwendet

Bild 2.2 zeigt eine nicht fachgerecht ausgeführte Klemmverbindung zur Schaltung der Leuchte auf die Sicherheitsbeleuchtung eines Gebäudes.

Hinweis
Der im Bild gezeigte Sachverhalt ist auf alle Leuchten übertragbar.

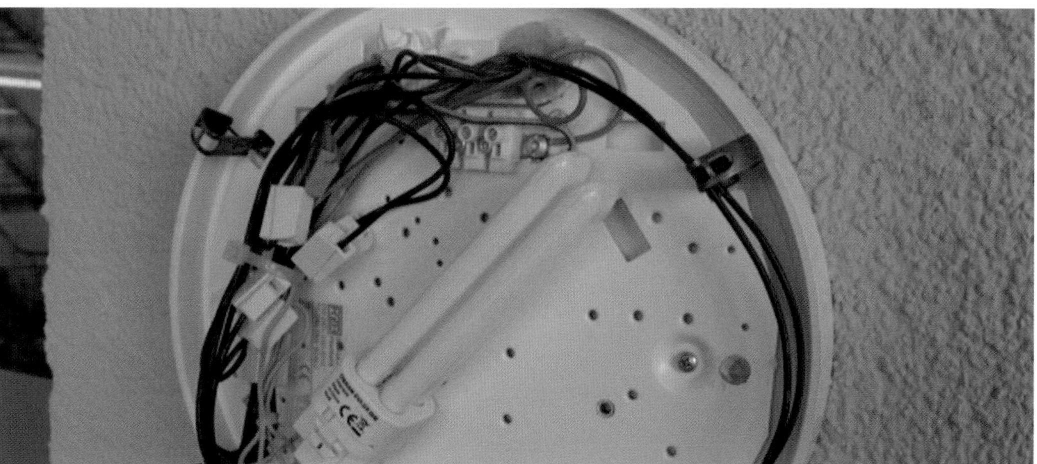

Bild 2.2

Normativer Bewertungsansatz

1. DIN VDE 0100-520 VDE 0100-520:2013-06, Abschnitt 526.5:

Da die Leuchte vom Hersteller nicht ausdrücklich zur Anordnung dieser Klemmen zugelassen bzw. vorgesehen ist (dies wäre nach der oben genannten Norm die einzige Möglichkeit, so zu verfahren), ist diese Vorgehensweise aus normativer und natürlich auch aus handwerklicher Sicht zu beanstanden.

Der oben beschriebene Sachverhalt fordert bei der Nutzung elektrischer Betriebsmittel, wie z.B. Leuchten, die ausdrückliche Zulassung des Herstellers und die Vorsehung eines hierfür geeigneten Klemmraumes.

2.3 Mangelbehaftete Hohlwanddose

Bild 2.3 zeigt eine nicht fachgerecht verarbeitete Hohlwanddose, da die Kabel und Leitungseinführungen zu groß bzw. nicht korrekt ausgebrochen oder ausgeführt wurden.

Hinweis
Der im Bild gezeigte Sachverhalt ist auf alle Hohlwanddosen und Hohlwand-Gehäuse übertragbar.

Normativer Bewertungsansatz

DIN VDE 0100-520 VDE 0100-520:2013-06, Abschnitt 521.15.1:

Dosen und Kästen müssen vom Hersteller (Auslegung Hersteller) und natürlich nach der Verarbeitung durch die Elektrofachkraft die Schutzart IP 30 einhalten bzw. aufweisen (Fremdkörper ≥ 2,5mm dürfen nicht in diese Dose eindringen können).

Zusätzlich verstößt diese oben aufgeführte *„Verarbeitungsvariante"* auch gegen die Herstellervorgaben und die weiteren Vorgaben der DIN VDE 0100-520 VDE 0100-520:2013-06, Abschnitt 521.15.6 und Abschnitt 522.8.9, die eine Zugentlastung bzw. eine Rückhalterung der Kabel und Leitungen bei der Doseneinführung fordern.

Bild 2.3

2.4 Fehlende Leuchtenauslassdose

Bild 2.4 zeigt eine nicht vorhandene Leuchtenauslassdose.

Hinweis
Der im Bild gezeigte Sachverhalt ist auf alle Wand-Auslässe in der Energietechnik übertragbar.

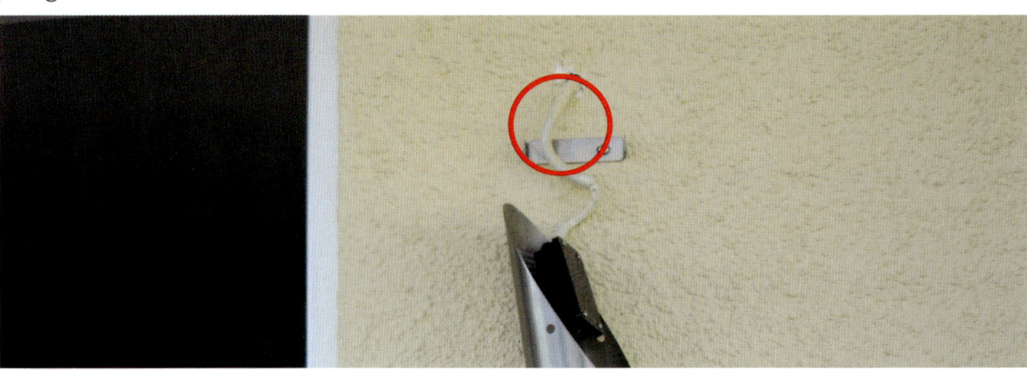

Bild 2.4

Normativer Bewertungsansatz

DIN VDE 0100-559 VDE 0100-559:2014-02, Abschnitt 559.5.1:

Bei Anschlussstellen im Handbereich (Wandleuchten), an denen zeitweise, z. B. durch wechselnde Möblierung, elektrische Verbrauchsmittel nicht angeschlossen sind, muss nach DIN VDE 0100-520 VDE 0100-520:2013-06, Abschnitt 526.5.8 auch bei nicht montierten Verbrauchsmitteln ein Schutz gegen direktes Berühren aktiver Teile sichergestellt sein. Bei Imputz- oder Unterputzinstallation kann dieser Schutz mit einer Wandauslassdose, bei Aufputz-Installation mit einer Verbindungsdose erreicht werden. Somit sind **alle** Wand-Auslässe in der Energietechnik mittels einer Wandauslassdose oder Aufputz-Verbindungsdose auszuführen.

2.5 Kabelverlegung im Erdreich

Bild 2.5 zeigt eine nicht fachgerecht ausgeführte Kabelverlegung (Verlegetiefe ca. 0,3 m) im Erdreich, zusätzlich wurde die im Erdreich angeordnete Verbindungseinheit (AP-Dose) nicht nach den Herstellervorgaben verwendet.

Hinweis
Der im Bild gezeigte Sachverhalt ist auf alle Kabelanlagen (Energieanlagen) im Erdreich übertragbar.

Bild 2.5

Normativer Bewertungsansatz

DIN VDE 0100-520 VDE 0100-520:2013-06, Abschnitt 522.8.10:
Im Erdreich verlegte Kabel müssen mindestens 0,6 m unter der Erdoberfläche verlegt werden, unter Fahrbahnen jedoch mindestens 0,8 m.

Bei geringeren Verlegetiefen ist das Kabel durch andere Maßnahmen zu schützen, z. B. Verlegung in geeigneten Rohren.

Zusätzlich verstößt diese oben aufgeführte „Verarbeitungsvariante" der AP-Dose auch gegen die Herstellervorgaben.

2.6 Installation im Heizkreisverteiler

Bild 2.6 zeigt eine nicht fachgerecht ausgeführte Installation in einem Heizkreisverteiler einer Fußbodenheizung.

Hinweis
Der im Bild gezeigte Sachverhalt ist auf alle Installationen (Energieanlagen) übertragbar.

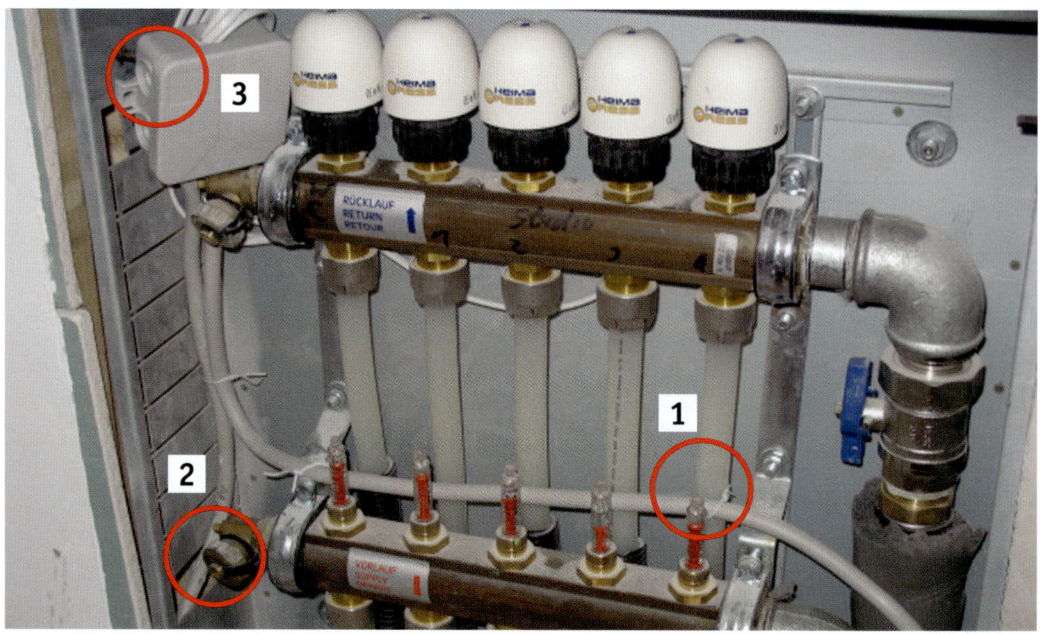

Bild 2.6

Normativer Bewertungsansatz

Zu Punkt 1

DIN VDE 0100-520 VDE 0100-520:2013-06, Abschnitt 522.6.1 und Abschnitt 522.6.2:

Die Verlegung der Leitung (NYM-J-Leitung) entspricht nicht den Vorgaben der Norm.

Zu Punkt 2

DIN VDE 0100-520 VDE 0100-520:2013-06, Abschnitt 522.6.1 und Abschnitt 522.8.1:

Die Befestigung bzw. Verlegung der Leitung (NYM-J-Leitung) entspricht nicht den Vorgaben der Norm.

Zu Punkt 3

DIN VDE 0100-520 VDE 0100-520:2013-06, Abschnitt 526.5:

Die Einführung und Umsetzung der Leitungen in die AP-Dose entspricht nicht den abgeleiteten Vorgaben der Norm.

Zusätzlich verstößt diese *„Verarbeitungsvariante"* der AP-Dose auch gegen die Herstellervorgaben, da die AP-Dose danach ausdrücklich ortsfest montiert werden muss und die maximale zulässige Anzahl an Klemmen (im Bild nicht sichtbar) überschritten wurde.

2.7 Installation in der Zwischendecke

Bild 2.7 zeigt eine nicht fachgerecht ausgeführte Installation in einer Zwischendecke.

Hinweis
Der im Bild gezeigte Sachverhalt ist auf alle Installationen (Energieanlagen) übertragbar.

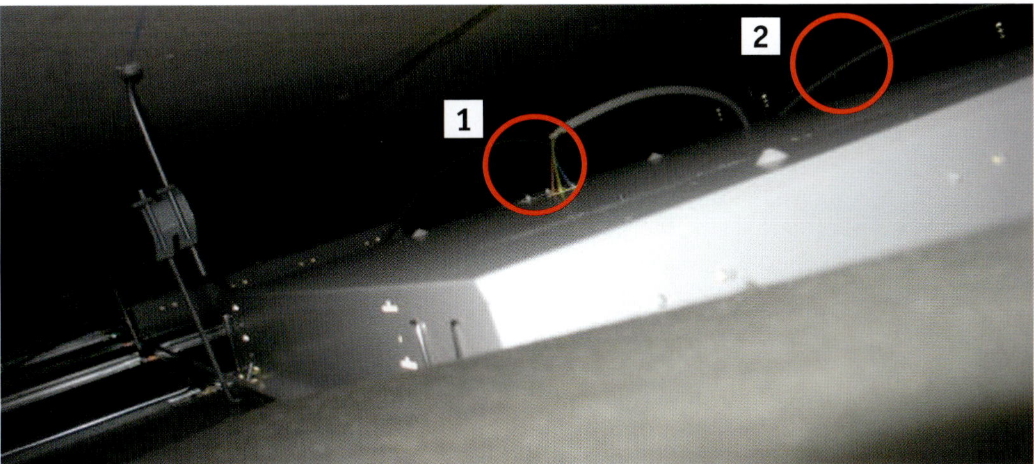

Bild 2.7

Normativer Bewertungsansatz

Zu Punkt 1

1. DIN VDE 0100-410 VDE 0100-410:2007-06, Abschnitt 4.12.1 – Schutzmaßnahmen gegen elektrischen Schlag:

Nach der Norm ist bei dieser Konstellation die doppelte Isolierung der Leitung nicht mehr durchgängig gegeben.

Hinweis
Bei Kabel und Leitungen wird der Schutz gegen elektrischen Schlag in der Regel durch die Anwendung der Schutzmaßnahme „Doppelte oder Verstärkte Isolierung“ sichergestellt. Dies ist selbstverständlich in der oben aufgeführten Konstellation nicht mehr gegeben.

2. DIN VDE 0100-520 VDE 0100-520:2013-06, Abschnitt 521.10:

Die hier sichtbaren Aderleitungen (basisisolierte Leiter) dürften nicht auf Putz verlegt werden.

Zu Punkt 2

DIN VDE 0100-520 VDE 0100-520:2013-06, Abschnitt 522.6.1 und Abschnitt 522.8.1:

Die im Bild unter der Nummer 2 aufgeführte Befestigung bzw. Verlegung der Leitung (NYM-J-Leitung) entspricht nicht den Vorgaben der Norm.

2.8 Installation einer Kabelrinne

Bild 2.8 zeigt eine nicht fachgerecht ausgeführte Installation (Kabel-Leitungsverlegung) auf einer Kabelrinne.

Hinweis
Der im Bild gezeigte Sachverhalt ist auf alle Installationen (Energieanlagen) übertragbar.

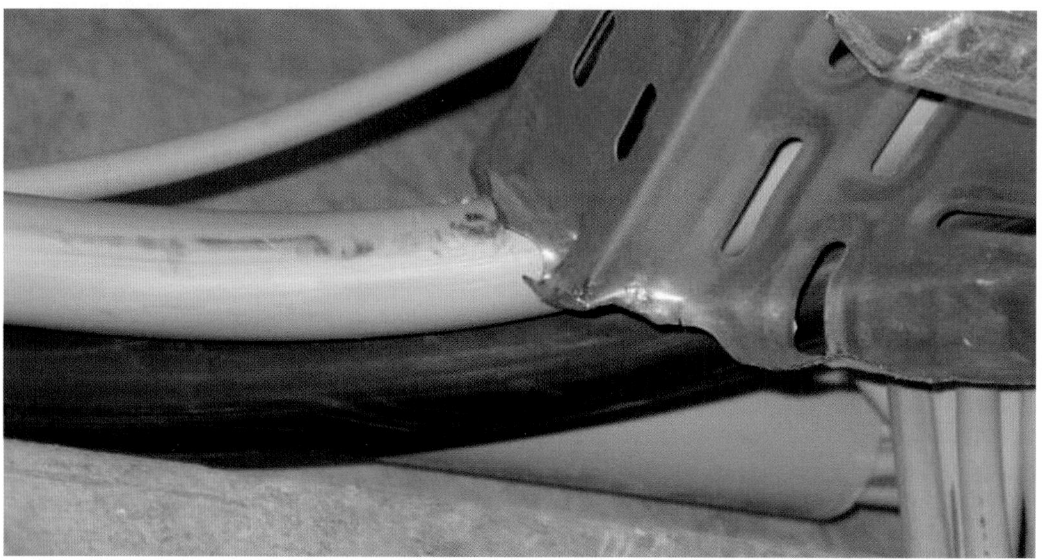

Bild 2.8

Normativer Bewertungsansatz

DIN VDE 0100-520 VDE 0100-520:2013-06, Abschnitt 522.6.1 und Abschnitt 522.8.1:
Die dargestellte Verlegung der Leitung (NYM-J-Leitung) und des Kabels (NYY-J-Kabel) entspricht nicht den Vorgaben der Norm.

2.9 Biegeradius von Kabeln und Leitungen

Bild 2.9 zeigt eine nicht fachgerecht ausgeführte Installation (Kabel-Leitungsverlegung). Der Biegeradius des Kabels im hier aufgeführten Bild wurde nicht eingehalten.

Hinweis
Der im Bild gezeigte Sachverhalt ist auf alle Installationen (Energieanlagen) übertragbar.

Normativer Bewertungsansatz

DIN VDE 0100-520 VDE 0100-520:2013-06, Abschnitt 521.10.2 und Abschnitt 521.10.3 bei Leitungen:
Die dargestellte Verlegung des Kabels (NYY-J-Kabel) entspricht nicht den Vorgaben der Norm, da hier der Biegeradius vom 12-fachen Kabeldurchmesser nicht eingehalten wurde.

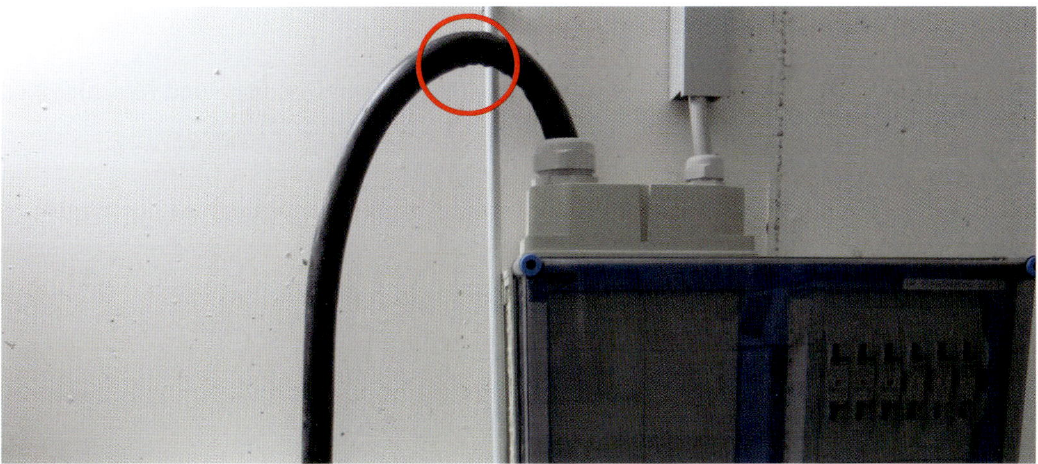

Bild 2.9

2.10 Leitungsverlegung auf Zwischendecke

Bild 2.10 zeigt eine nicht fachgerecht ausgeführte Installation (Kabel-Leitungsverlegung) auf einer zugänglichen Zwischendecke.

Hinweis
Der im Bild gezeigte Sachverhalt ist auf alle Installationen (Energieanlagen) übertragbar.

Bild 2.10

Normativer Bewertungsansatz

DIN VDE 0100-520 VDE 0100-520:2013-06, Abschnitt 522.6.1 und Abschnitt 522.8.1:

Die dargestellte Befestigung bzw. Verlegung der Leitung (NYM-J Leitung) entspricht nicht den Vorgaben der Norm.

2.11 Betriebsmittel auf Zwischendecke

Bild 2.11 zeigt eine nicht fachgerecht ausgeführte Installation (Montage und Anschluss) eines elektrischen Betriebsmittels auf einer zugänglichen Zwischendecke.

Hinweis
Der im Bild gezeigte Sachverhalt ist auf alle Installationen (Energieanlagen) übertragbar.

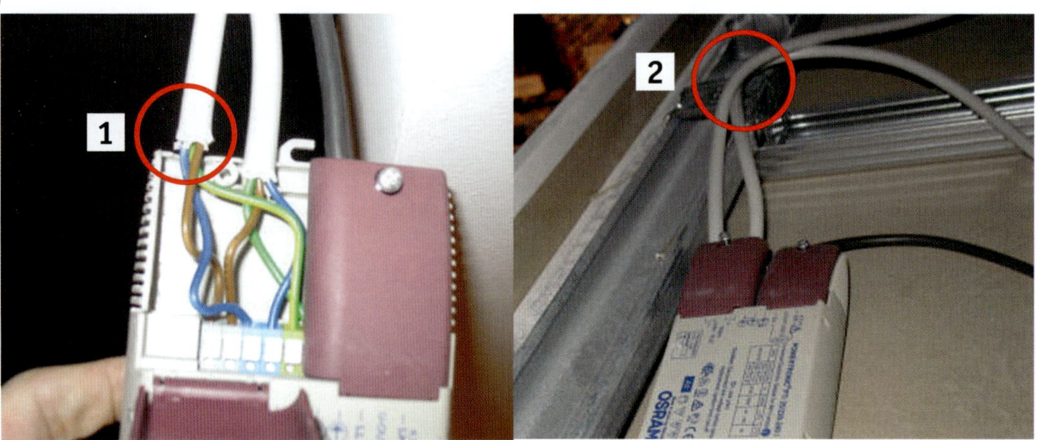

Bild 2.11

Normativer Bewertungsansatz

Zu Punkt 1

1. DIN VDE 0100-410 VDE 0100-410:2007-06, Abschnitt 4.12.1 – Schutzmaßnahmen gegen elektrischen Schlag:

Bei dieser Konstellation ist die doppelte Isolierung der Leitung nicht mehr durchgängig gegeben.

Hinweis
Bei Kabel und Leitungen wird der Schutz gegen elektrischen Schlag in der Regel durch die Anwendung der Schutzmaßnahme doppelte oder verstärkte Isolierung sichergestellt. Dies ist selbstverständlich in der oben aufgeführten Konstellation nicht mehr gegeben.

2. DIN VDE 0100-520 VDE 0100-520:2013-06:

Die sichtbaren Aderleitungen (basisisolierte Leiter) dürften nicht auf Putz verlegt werden.

Zu Punkt 2

DIN VDE 0100-520 VDE 0100-520:2013-06, Abschnitt 522.6.1 und Abschnitt 522.8.1:

Die Befestigung bzw. Verlegung der Leitung (NYM-J-Leitung) entspricht nicht den Vorgaben der Norm.

Zu Punkt 1 und 2

Zusätzliche muss das Betriebsmittel nach Herstellervorgaben ortsfest montiert bzw. befestigt werden oder mit zugelassenen flexiblen Leitungstypen nach **DIN VDE 0100-520 VDE 0100-520:2013-06, Abschnitt 521.9.2** und **Abschnitt 521.9.3** fachgerecht angeschlossen werden.

2.12 Einhaltung der Verlege-Zonen (DIN 18015-3)

Bild 2.12 zeigt eine nicht fachgerecht ausgeführte Installation (Leitungsverlegung) bei einer Unterputzinstallation, bei welcher die Verlege-Zonen (DIN 18015-3) nicht eingehalten wurden.

Hinweis
Der im Bild gezeigte Sachverhalt ist auf alle Installationen (Energieanlagen) übertragbar.

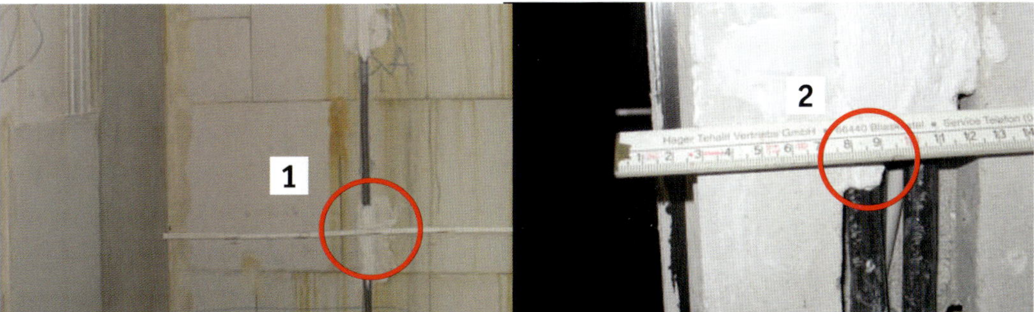

Bild 2.12

Normativer Bewertungsansatz

Auch wenn **DIN VDE 0100-520 VDE 0100-520:2013-06, Abschnitt 522.8.8** in Abweichung von den Anforderungen der **DIN 18015-3** nur Folgendes verbindlich fordert:

„Fest in Wänden verlegte Kabel und Leitungen müssen waagerecht, senkrecht oder parallel zu den Raumkanten geführt werden“, empfehle ich, sich an die sicherheitsrelevanten Verlege-Zonen nach DIN 18015-3 zu halten.

Zu Punkt 1
Die senkrechten Installationszonen an Wandecken von 10 cm bis 30 cm neben den Rohbaukanten wurden nicht eingehalten.

Zu Punkt 2
Die senkrechten Installationszonen an Türen von 10 cm bis 30 cm neben den Rohbaukanten wurden nicht eingehalten.

Hinweis
Zusätzlich sind bei Wänden bezüglich der Tragfähigkeit die Vorgaben der DIN EN 1996-1-1 2013-02 zu beachten.

2.13 Transformatoren im Küchenschrank

Bild 2.13 zeigt eine nicht fachgerecht ausgeführte Installation (Montage und Anschluss) eines elektrischen Betriebsmittels in einem Küchenschrank.

Hinweis
Der im Bild gezeigte Sachverhalt ist auf alle Installationen (Energieanlagen) übertragbar.

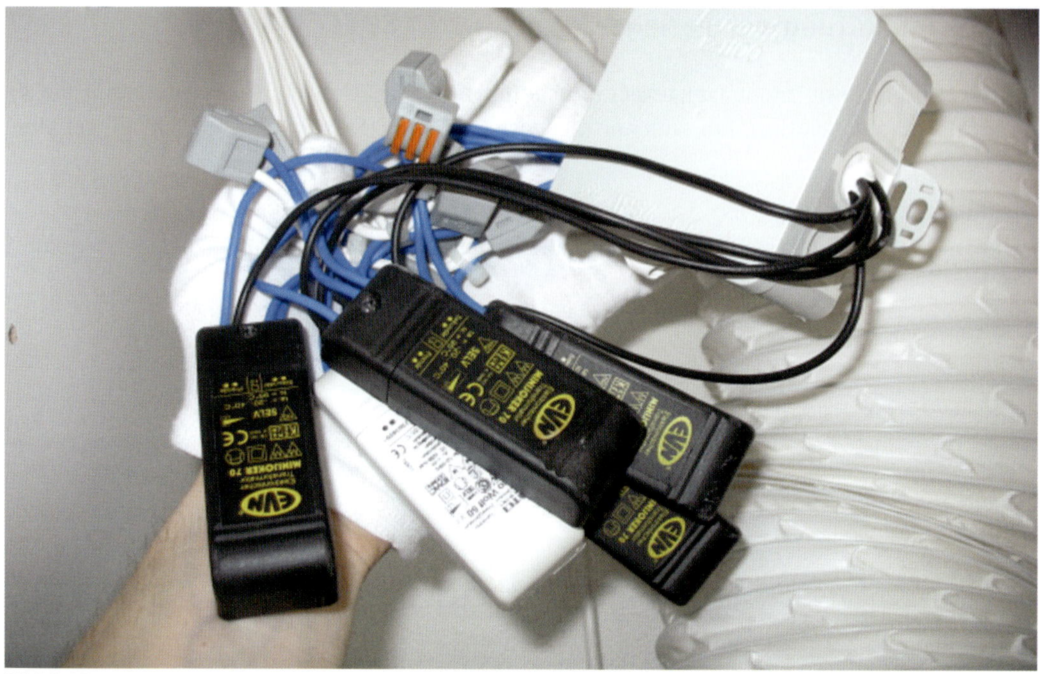

Bild 2.13

Normativer Bewertungsansatz

1. DIN VDE 0100-410 VDE 0100-410:2007-06, Abschnitt 4.12.1 – Schutzmaßnahmen gegen elektrischen Schlag:

Bei dieser Konstellation die doppelte Isolierung der Leitung nicht mehr durchgängig gegeben.

Nach **DIN VDE 0100-520 VDE 0100-520:2013-06, Abschnitt 521.10** dürfen die hier sichtbaren Aderleitungen (basisisolierte Leiter) nicht auf Putz ohne durchgängigen mechanischen Schutz verlegt werden.

2. DIN VDE 0100-520 VDE 0100-520:2013-06, Abschnitt 522.6.1 und Abschnitt 522.8.1:

Die Befestigung bzw. Verlegung der Leitung (NYM-J-Leitung) entspricht nicht den Vorgaben der Norm.

Zusätzlich muss das Betriebsmittel nach Herstellervorgaben ortsfest montiert bzw. befestigt werden oder mit zugelassenen flexiblen Leitungstypen nach **DIN VDE 0100-520 VDE 0100-520:2013-06, Abschnitt 521.9.2** und **Abschnitt 521.9.3** fachgerecht angeschlossen werden.

3. DIN VDE 0100-520 VDE 0100-520:2013-06, Abschnitt 526.5:

Die Anordnung dieser Klemmen müsste innerhalb einer Klemmdose oder eines hierfür zugelassenen Betriebsmittels erfolgen (dieser Ansatz gilt auch auf der Kleinspannungsseite).

2.14 Abzweigdose im Außenbereich

Bild 2.14 zeigt eine nicht fachgerecht ausgeführte Installation (Montage und Anschluss) einer Abzweigdose.

Hinweis
Der im Bild gezeigte Sachverhalt ist auf alle Installationen (Energieanlagen) übertragbar.

Bild 2.14

Normativer Bewertungsansatz

DIN VDE 0100-520 VDE 0100-520:2013-06, Abschnitt 522.11:
Die im Bild gezeigte Abzweigdose im Außenbereich ist ausdrücklich nicht für die dort vorherrschende ultraviolette Strahlung konzipiert.

Zusätzlich entspricht die Befestigung (mittels Kabelbinder) nicht den Herstellervorgaben.

2.15 Im Wasser verlegte Erdkabel

Bild 2.15 zeigt eine nicht fachgerecht ausgeführte Installation (Kabelverlegung). Die Kabel wurden dauerhaft dem Einwirken von Wasser ausgesetzt.

Hinweis
Der im Bild gezeigte Sachverhalt ist auf alle Installationen (Energieanlagen) übertragbar.

Normativer Bewertungsansatz

DIN VDE 0100-520 VDE 0100-520:2013-06, Abschnitt 522.3:
Die im Bild gezeigte Kabelanlage ist dauerhaft den Auswirkungen von Wasser ausgesetzt (dauerhafte Verlegung in Wasser); hier ist eine Zulassung des Kabelherstellers für dauerhaftes Untertauchen (AD 8) notwendig (siehe hierzu auch DIN VDE 0100-510 Ausgabe 2014-10, Tabelle ZA.1).

Die in diesem Bild verwendeten Kabel sind nicht für die dauerhafte Verlegung in Wasser geeignet.

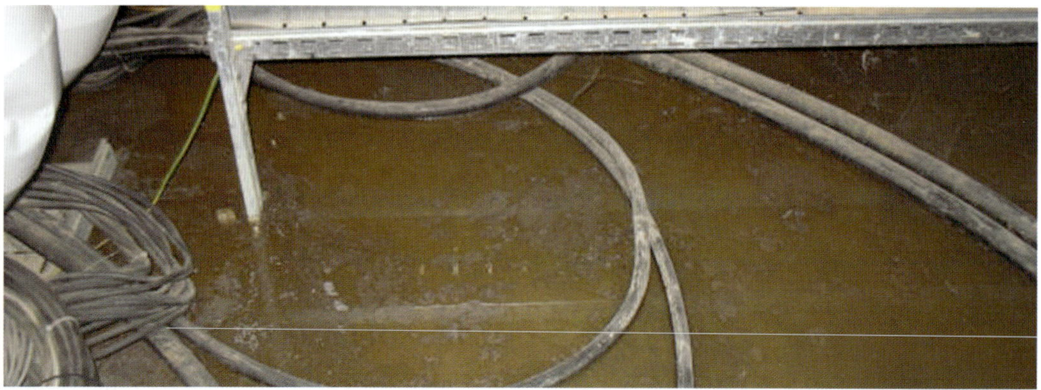

Bild 2.15

2.16 Nachträgliche Leiterkennzeichnung

Bild 2.16 zeigt eine nicht fachgerecht ausgeführte Installation (Leiterkennzeichnung). Der grün-gelbe Leiter wurde nachträglich blau gekennzeichnet, um eine Verwendung als Neutralleiter herbeizuführen.

Hinweis
Der im Bild gezeigte Sachverhalt ist auf alle Installationen (Energieanlagen) übertragbar.

Bild 2.16

Normativer Bewertungsansatz

1. DIN VDE 0100-510 VDE 0100-510:2014-10, Abschnitt 514.3.1.Z1:
Neutralleiter oder Mittelleiter müssen über ihre gesamte Länge durch die Farbe Blau gekennzeichnet sein.

2. DIN VDE 0100-510 VDE 0100-510:2014-10 Abschnitt 514.3.1.Z2:
Schutzleiter müssen über ihre gesamte Länge durch die Zwei-Farben-Kombination Grün-Gelb gekennzeichnet sein. Diese Farbkombination darf für einen anderen Zweck nicht verwendet werden.

Somit stellt die hier umgesetzte nachträgliche Änderung der Leiterkennzeichnung eine klare Abweichung von den einschlägigen normativen Vorgaben dar.

2.17 Beleuchtungsinstallation

Bild 2.17 zeigt eine nicht fachgerecht ausgeführte Installation (Beleuchtungsinstallation). Die Leitungsführung wurde durch die Leuchten hindurchgeführt, ohne dass diese hierfür geeignet und vom Hersteller zugelassen sind.

Hinweis
Der im Bild gezeigte Sachverhalt ist auf alle Installationen (Energieanlagen) übertragbar.

Bild 2.17

Normativer Bewertungsansatz

DIN VDE 0100-559 VDE 0100-559:2014-02, Abschnitt 559.5.3:
Eine Durchgangsverdrahtung ist nur in für Durchgangsverdrahtung vorgesehenen Leuchten zulässig.

2.18 Unzulässige Leiterverbindung

Bild 2.18 zeigt eine nicht fachgerecht ausgeführte Leiterverbindung.

Hinweis
Der im Bild gezeigte Sachverhalt ist auf alle Installationen (Energieanlagen) übertragbar.

Normativer Bewertungsansatz

DIN VDE 0100-520 VDE 0100-520:2013-06, Abschnitt 526.5:
Elektrische Verbindungen (Betriebsmittelanschlüsse und Leiterverbindungen) müssen in geeigneten Umhüllungen erfolgen, z. B. in Ausgangsdosen oder in Betriebsmitteln, falls vom Hersteller zu diesem Zweck Raum vorgesehen wurde. In diesem Fall müssen Betriebsmittel mit fest montiertem Verbindungsmaterial oder Möglichkeiten zur Befestigung von Verbindungsmaterial verwendet werden. Die Leiter von Endstromkreisen müssen in einer Umhüllung enden.

Bild 2.18

2.19 Nicht fachgerecht befestigte Steckdose

Bild 2.19 zeigt eine nicht fachgerecht befestigte Steckdose.

Hinweis
Der im Bild gezeigte Sachverhalt ist auf alle Installationen (Energieanlagen) übertragbar.

Bild 2.19

Normativer Bewertungsansatz

DIN VDE 0100-100 VDE 0100-100:2009-06, Abschnitt 131.1

Hier wird eindeutig gegen die Norm und die Herstellervorgaben verstoßen, die eine ortsfest Montage dieser AP-Steckdose fordern, um mindestens folgende Faktoren dauerhaft gewährleisten zu können:

- Dauerhaft sichere Leiterverbindungen bzw. Leiterkontaktierungen
- Aufrechterhaltung der IP-Schutzart
- Dauerhafte Aufrechterhaltung der Zugentlastung
- Schutzmaßnahme gegen gefährliche Körperströme
- Begrenzung der Temperaturentwicklung
- Schutz vor Lichtbögen

2.20 Nicht fachgerecht ausgeführte Kabeleinführung

Bild 2.20 zeigt eine nicht fachgerecht ausgeführte Kabeleinführung.

Hinweis
Der im Bild gezeigte Sachverhalt ist auf alle Installationen (Energieanlagen) übertragbar.

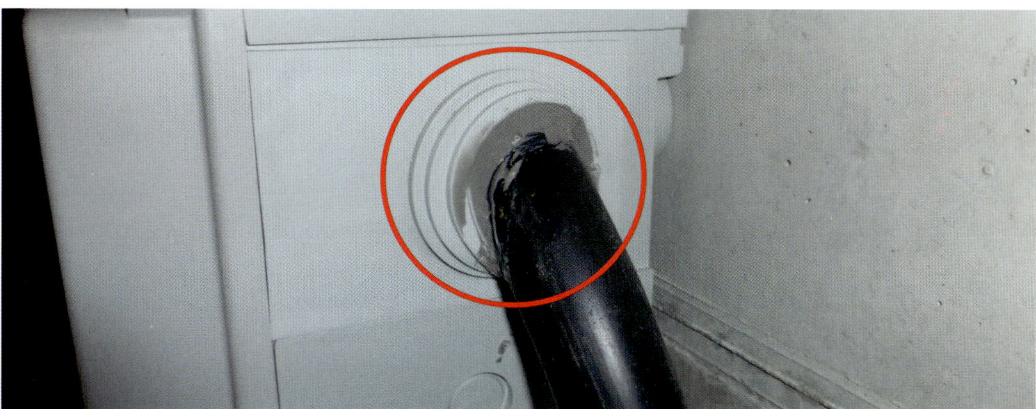

Bild 2.20

Normativer Bewertungsansatz

1. DIN VDE 0100-520 VDE 0100-520:2013-06, Abschnitt 522.3.1:
Kabel- und Leitungsanlagen müssen so ausgewählt und errichtet werden, dass ein Schaden durch Kondensation oder Eindringen von Wasser nicht hervorgerufen wird. Die Kabel- und Leitungsanlagen müssen im errichteten Zustand die IP-Schutzart erfüllen, die für den jeweiligen Ort erforderlich ist.

2. DIN VDE 0100-520 VDE 0100-520:2013-06, Abschnitt 522.4.1:
Kabel- und Leitungsanlagen sind so auszuwählen und zu errichten, dass die Gefahr, die von der Beschädigung durch feste Fremdkörper verursacht wird, auf ein Minimum reduziert wird. Die Kabel- und Leitungsanlagen müssen im errichteten Zustand die IP-Schutzart erfüllen, die für den jeweiligen Ort erforderlich ist.

Fazit

Die hier geforderte dauerhafte Einhaltung der IP-Schutzart ist in diesem Fall durch den nicht fachgerechten Verschluss der Kabeleinführung ausdrücklich nicht gegeben.

www.elektro.net

FACHGERECHT PRÜFEN

Dieser aktuelle und praxisbezogene Leitfaden begleitet den Elektrohandwerker Schritt für Schritt bei der organisatorischen Vorbereitung, der technischen Durchführung sowie der Auswertung und Protokollierung der Wiederholungsprüfung.

Die Schwerpunktthemen:

- Notwendigkeit und Konsequenzen von Wiederholungsprüfungen,
- Schutzmaßnahmen, Verfahren der Wiederholungsprüfung,
- Wiederholungsprüfung elektrischer Geräte/Betriebsmittel,
- Wiederholungsprüfung von elektrischen Maschinenausrüstungen,
- u.v.m.

IHRE BESTELLMÖGLICHKEITEN

	Fax: +49 (0) 89 2183-7620
@	E-Mail: buchservice@huethig.de
	www.elektro.net/shop

Hier Ihr Fachbuch direkt online bestellen!

Hüthig GmbH, Im Weiher 10, D-69121 Heidelberg,
Tel.: +49 (0) 800 2183-333

3 Praxisfälle und deren normative und praktische Bewertung im Bereich der Schaltanlagen/Verteiler

In diesem Kapitel werden Praxisfälle aus dem Bereich der Schaltanlagen und Verteiler dargestellt und anhand der im Kapitel 1 aufgezeigten Grundsätze und Bewertungsmaßstäbe kommentiert.

Zielstellung ist es, dem Errichter, Planer oder Prüfer elektrischer Anlagen im Bereich der Schaltanlagen und Verteiler (Schwerpunkt Niederspannungsanlagen) normative Neuerungen, aber auch alt hergebrachte Problemstellungen zu erläutern und ihm Lösungsansätze für die praktische Umsetzung an die Hand zu geben.

Ein besonderes Augenmerk wird dabei auch darauf gelegt, dass der Normenanwender die *„normativen Schutzziele“* nachvollziehen und seine Entscheidungen an diesen ausrichten kann. Dies ist umso wichtiger, da im Zeitalter der international harmonisierten elektrotechnischen Normung die Anwendung der Normen für den Praktiker nicht einfacher wird.

Folgende DIN-VDE-Normen werden in ihrer gültigen Fassung Stand 2018 kommentiert und als Maßstab für die Bewertung der einzelnen Praxisfälle herangezogen. Weiterführende Normen und Vorschriften sind beim jeweiligen Praxisfall noch zusätzlich aufgeführt.

- DIN VDE 0100-410
- DIN VDE 0100-420
- DIN VDE 0100-430
- DIN VDE 0100-460
- DIN VDE 0100-520
- DIN VDE 0100-729
- DIN VDE AR 4101 bzw. 4100
- DIN VDE 0660-600-1/2/3

Hinweis
In den folgenden Praxisfällen liegt der Fokus auf bestimmten Abweichungen von Normen und Herstellervorgaben. Dies soll jedoch keine allumfassende Bewertung des jeweiligen Falles darstellen. Eventuelle weitere erkennbare Abweichungen sollen nicht bewertet werden.

3.1 Berührungsschutz bzw. IP-Schutzart

Bild 3.1 zeigt einen nicht fachgerecht ausgeführten Berührungsschutz bzw. IP-Schutzart (Schutz gegen direktes Berühren unter Spannung stehender Teile).

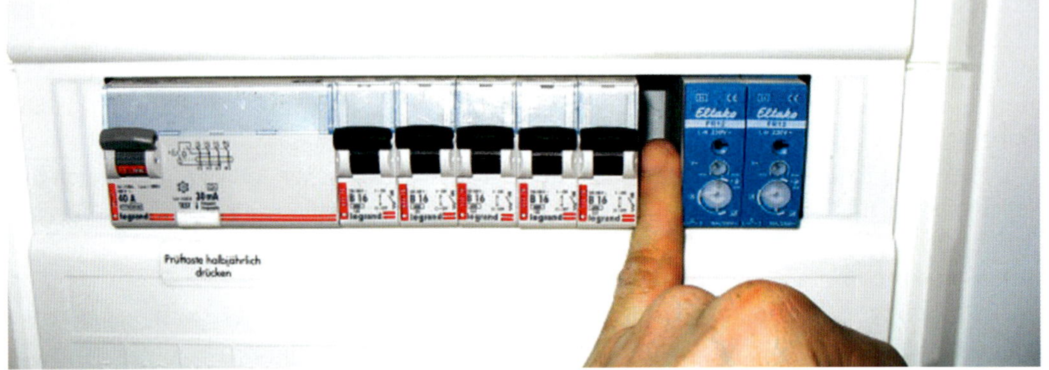

Bild 3.1

Normativer Bewertungsansatz

1. DIN VDE 0100-410 VDE 0100-410:2007-06, Abschnitt 413.1.3 bzw. Anhang A Abschnitt A.2.1 – Schutzmaßnahmen gegen elektrischen Schlag
Auszug aus Anhang A.2.1:

„Aktive Teile müssen im Inneren von Umhüllungen oder hinter Abdeckungen sein, die mindestens der Schutzart IPXXB oder IP2X entsprechen, ausgenommen die Fälle, wo während des Auswechselns von Teilen größere Öffnungen entstehen, wie z.B. bei Lampenfassungen oder Sicherungen, oder wo größere Öffnungen notwendig sind, um den ordnungsgemäßen Betrieb des Betriebsmittels entsprechend den zutreffenden Anforderungen für das Betriebsmittel zu ermöglichen."

2. DIN EN 61439-3 VDE 0660-600-3:2013-02, Abschnitt 8.2.2

Hier wird für Verteiler, die zur Bedienung von Laien vorgesehen sind, die Schutzart IP2XC (Zugang zu gefährlichen Teilen mit einem Werkzeug ≥ 2,5mm darf nicht möglich sein) gefordert.

Hinweis
Diese in der Praxis immer wieder vorkommende handwerkliche Unzulänglichkeit bedarf eigentlich keiner normativen Bewertung und sollte für jede Elektrofachkraft als klare handwerkliche und normative Abweichung erkennbar sein.

3.2 Einbausteckdose im Verteiler

Bild 3.2 zeigt einen nicht fachgerechten Einbau einer Einbausteckdose in einen Verteiler der Schutzklasse 2.

Hinweis
Der im Bild gezeigte Sachverhalt ist auf alle Verteiler der Schutzklasse 2 übertragbar.

Bild 3.2

Normativer Bewertungsansatz

Zuzüglich der unter Praxisfall 3.1 aufgezeigten normativen Abweichungen, die in diesem Fall auch wieder vollumfänglich zutreffen, ist folgender weiterer Sachverhalt in diesem Fallbeispiel von entscheidender Bedeutung:

Die Schutzklasse 2 des Unterverteilers wird durch den Schutzleiter der Einbausteckdose, der durch die schutzisolierte Abdeckung hindurchgeführt wird, aufgehoben.

Nach **DIN VDE 0100-410 VDE 0100-410:2007-06, Abschnitt 412.2.2.2** ist die Verwendung einer Einbausteckdose mit Klappdeckel empfehlenswert, so wird wenigstens den formalen Anforderungen im unbelegten Zustand der Steckdose genüge getan.

Generell sollte von einer Steckvorrichtung abgesehen werden, die in die Einbausteckdose ober ab der Abdeckung eingesteckt ist, da bei dieser Variante neben dem oben aufgeführten Problemansatz noch zusätzliche technische Nachteile zu erwarten sind.

3.3 Mangelbehaftete Leiterdurchführung

Bild 3.3 zeigt eine nicht fachgerecht ausgeführte Leiterdurchführung.

> **Hinweis**
> Der im Bild gezeigte Sachverhalt ist auf alle Leiterdurchführungen übertragbar.

Bild 3.3

Normativer Bewertungsansatz

DIN EN 61439-1 VDE 0660-600-1:2012-06, Abschnitt 8.6.3:

„Im Falle von isolierten massiven oder flexiblen Leitern:

- *…*
- *Kontakt von Leitern mit scharfen Kanten muss verhindert werden."*

3.4 Blanke elektrische Leiter

Die **Bilder 3.4** bis **3.6** zeigen, wie basisisolierte Leiter einen blanken aktiven Leiter anderen Potentials berühren.

> **Hinweis**
> Der in den Bildern gezeigte Sachverhalt ist auf alle vergleichbaren Situationen der Energietechnik übertragbar.

Bild 3.4

Bild 3.5

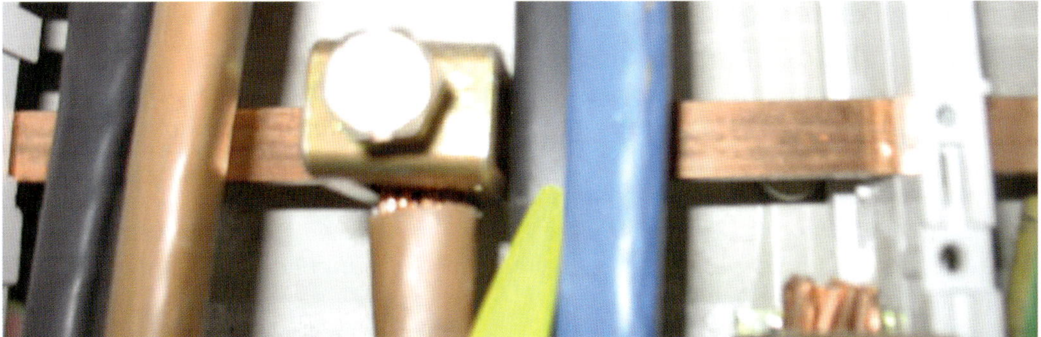

Bild 3.6

Normativer Bewertungsansatz

DIN EN 61439-1 VDE 0660-600-1:2012-06, Abschnitt 8.6.3:

„Im Falle von isolierten massiven oder flexiblen Leitern:

- *…*
- *Leiter nur mit Basisisolierung dürfen blanke aktive Teile anderen Potentials nicht berühren.“*

3.5 Fehlender Berührungsschutz

Bild 3.7 zeigt einen nicht fachgerecht ausgeführten Verteiler, da hier sämtliche sogenannten „Abdeckstreifen“ zum Verschluss der REG-Geräteeinbauräume nicht montiert wurden.

Hinweis
Der im Bild gezeigte Sachverhalt ist auf alle Installationen (Energieanlagen) übertragbar.

Bild 3.7

Normativer Bewertungsansatz

1. DIN VDE 0100-410 VDE 0100-410:2007-06, Abschnitt 413.1.3 bzw. Anhang A Abschnitt A.2.1 – Schutzmaßnahmen gegen elektrischen Schlag:

„Aktive Teile müssen im Inneren von Umhüllungen oder hinter Abdeckungen sein, die mindestens der Schutzart IPXXB oder IP2X entsprechen, ausgenommen die Fälle, wo während des Auswechselns von Teilen größere Öffnungen entstehen, wie z. B. bei Lampenfassungen oder Sicherungen, oder wo größere Öffnungen notwendig sind, um den ordnungsgemäßen Betrieb des Betriebsmittels entsprechend den zutreffenden Anforderungen für das Betriebsmittel zu ermöglichen."

2. DIN EN 61439-3 VDE 0660-600-3:2013-02, Abschnitt 8.2.2.

Hier wird für Verteiler, die zur Bedienung von Laien vorgesehen sind, die Schutzart IP2XC (Zugang zu gefährlichen Teilen mit einem Werkzeug ≥ 2,5 mm darf nicht möglich sein) gefordert.

Hinweis

Diese in der Praxis immer wieder vorkommende handwerkliche Unzulänglichkeit bedarf eigentlich keiner normativen Bewertung und sollte für jede Elektrofachkraft als klare handwerkliche und normative Abweichung erkennbar sein.

3.6 Nicht fachgerecht ausgeführte Klemmverbindungen

Die **Bilder 3.8** bis **3.10** zeigen nicht fachgerecht ausgeführte Klemmverbindungen. Bei Bild 3.8 bezieht sich dies auf die Neutralleiterklemme, bei Bild 3.9 auf Neutralleiter-, Schutzleiter- und Außenleiterklemme und bei Bild 3.10 auf Neutralleiter- und Schutzleiterklemme.

Hinweis

Die in den Bildern gezeigten Sachverhalte sind auf alle Klemmverbindungen (Energieanlagen) übertragbar.

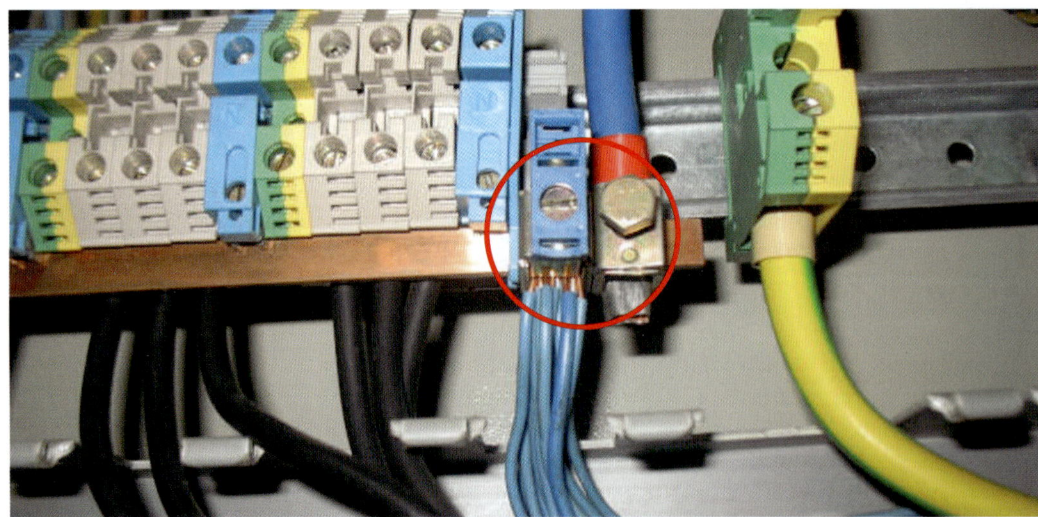

Bild 3.8

Bild 3.9

Bild 3.10

Normativer Bewertungsansatz

DIN EN 61439-1 VDE 0660-600-1:2012-06, Abschnitt 8.6.3:

„– Zuleitungen zu Betriebsmitteln und Messgeräten in Verkleidungen oder Türen müssen so angebracht sein, dass sie beim Bewegen der Verkleidungen oder Türen mechanisch nicht beschädigt werden.

– Lötverbindungen an Betriebsmitteln sind in Schaltgerätekombinationen nur zulässig, wenn diese Betriebsmittel dafür geeignet sind und die vorgegebene Leiterart eingesetzt wird.

– Außer an oben genannten Betriebsmitteln sind gelötete Kabelschuhe oder verlötete Enden von mehrdrähtigen Leitern für den Einsatz unter starken Erschütterungen nicht zulässig. Wenn im bestimmungsgemäßen Betrieb starke Erschütterungen, z. B. beim Betrieb von Baggern und Kranen, auf Schiffen, bei Hebezeugen, auf Lokomotiven, auftreten, sollte auf die Halterung der Leiter geachtet werden.

- ***Im Allgemeinen sollte an einem Anschluss nur ein Leiter angeschlossen werden; das Anschließen von zwei oder mehr Leitern an einen Anschluss ist nur zulässig, wenn der Anschluss für diesen Zweck vorgesehen ist.“***

  Anmerkung: Hierzu ist ein Nachweis des Klemmherstellers notwendig.

Zusätzlich ist nach DIN VDE 0660-600 Ausgabe 2012-06 Abschnitt 8.8 für jeden von außen eingeführten Schutz oder PEN-Leiter ein getrennter Anschluss geeigneter Größe vorzusehen.

3.7 Reduzierung der Luft-/Kriechstrecken

Bild 3.11 zeigt eine nicht fachgerecht ausgeführte Installation (Montage und Anschluss) eines elektrischen Betriebsmittels bezüglich der Reduzierung der Luft- und/oder Kriechstrecken.

Hinweis
Dieser Sachverhalt ist auf alle Installationen (Energieanlagen) übertragbar.

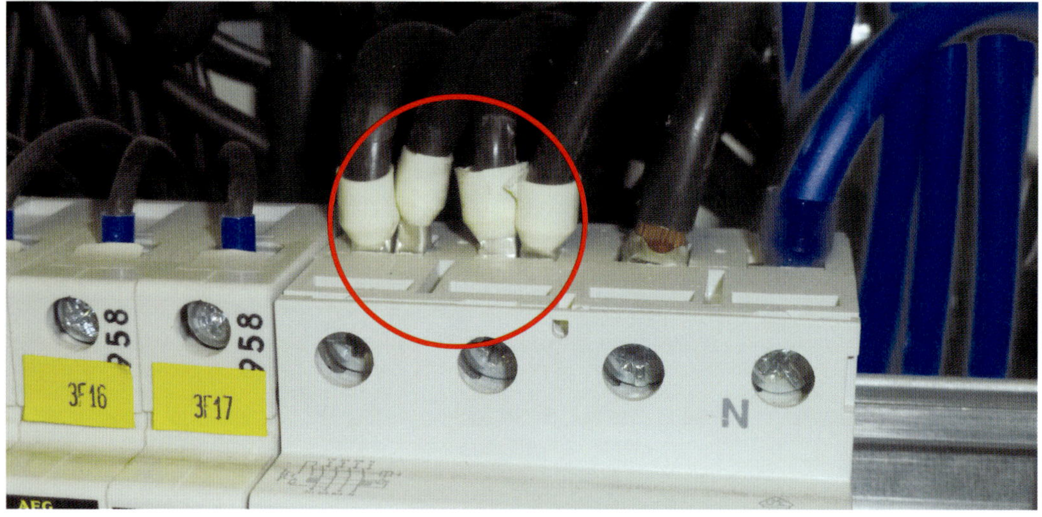

Bild 3.11

Normativer Bewertungsansatz

Neben dem Bewertungsansatz aus den Fallbeispielen 3.8 bis 3.10, der hier ebenso anwendbar ist, muss noch der nachfolgende Sachverhalt nach **DIN EN 61439-1 VDE 0660-600-1:2012-06, Abschnitt 8.3.1** betrachtet werden:

„Die Anforderungen für Luft- und Kriechstrecken beruhen auf den Grundsätzen der IEC 60664-1 und dienen zur Gewährleistung der Isolationskoordination mit der Installation. Die Luft- und Kriechstrecken von Betriebsmitteln, die Teil der Schaltgerätekombination sind, müssen die Anforderungen der zutreffenden Produktnorm erfüllen.

Beim Einbau der Betriebsmittel in Schaltgerätekombinationen müssen die geforderten Luft- und Kriechstrecken unter den üblichen Betriebsbedingungen eingehalten werden.“

Hinweis
Auskunft über die notwendigen Luft- und Kriechstrecken können vom Hersteller des Betriebsmittels erfragt werden.

3.8 Einhaltung der IP-Schutzart

Die **Bilder 3.12** bis **3.14** zeigen nicht fachgerecht ausgeführte Installationen (Leitungseinführungen), bei denen unter anderem die IP-Schutzart des Verteilers unzulässig herabgesetzt wurde.

Hinweis
Der in den Bildern gezeigte Sachverhalt ist auf alle Installationen (Energieanlagen) übertragbar.

Bild 3.12

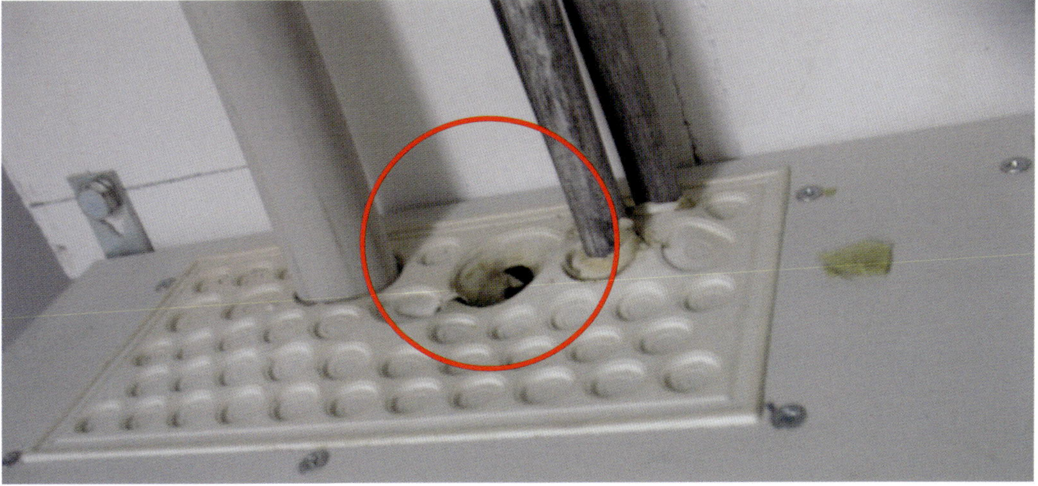

Bild 3.13

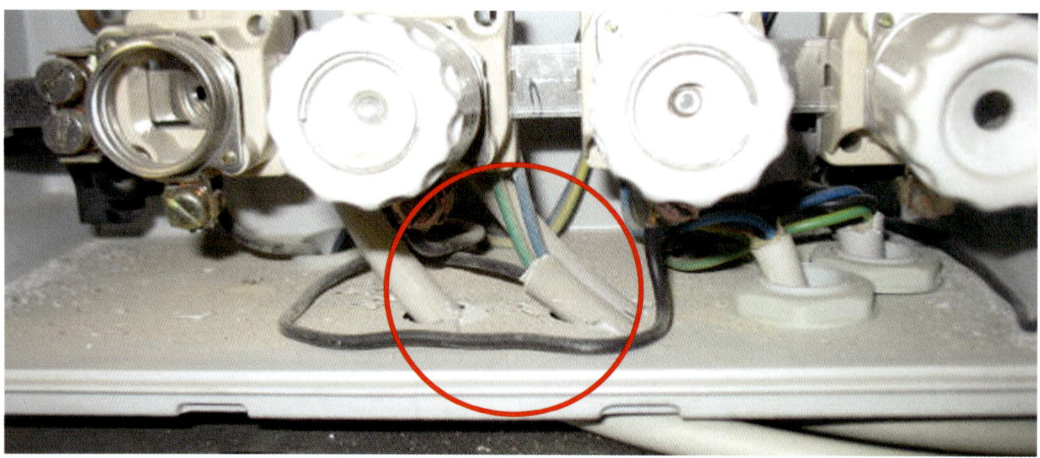

Bild 3.14

Normativer Bewertungsansatz

DIN EN 61439 VDE 0660-600:2012-06, Abschnitt 8.2.2:

„Wenn nichts anderes festgelegt ist, gilt die vom Hersteller der Schaltgerätekombination angegebene Schutzart für die gesamte nach den Angaben des Herstellers der Schaltgerätekombination aufgestellte und angeschlossene Schaltgerätekombination, z. B. mit Abdichten offener Befestigungsflächen der Schaltgerätekombination usw.

Weist die Schaltgerätekombination nicht durchgängig denselben IP-Code auf, muss der Hersteller der Schaltgerätekombination die Schutzarten für die separaten Teile angeben."

Für die Praxisfälle 3.13 und 3.14 gilt zudem **DIN EN 61439 VDE 0660-600:2012-06, Abschnitt 8.8:**

„Öffnungen in Kabel-/Leitungseinführungen, Abschlussplatten usw. müssen so ausgeführt sein, dass nach ordnungsgemäßem Einbringen der Kabel/Leitungen die vorgesehenen Schutzmaßnahmen gegen Berühren und die vorgesehene Schutzart erreicht werden. Dies erfordert, dass die vom Hersteller der Schaltgerätekombination für den jeweiligen Anwendungsfall angegebenen Mittel zum Einführen verwendet werden."

3.9 Freiliegende Klemmen

Die **Bilder 3.15** und **3.16** zeigen meiner Ansicht nach nicht fachgerecht ausgeführte Klemmverbindungen mittels freiliegender Klemmen.

Hinweis
Dieser Sachverhalt ist auf alle Installationen (Energieanlagen) übertragbar.

Normativer Bewertungsansatz

DIN EN 61439-1 VDE 0660-600-1:2012-06, Abschnitt 8.6.3:

„Im Falle von isolierten massiven oder flexiblen Leitern:

- *Sie müssen wenigstens für die Bemessungsisolationsspannung (siehe 5.2.3) des betreffenden Stromkreises bemessen sein.*

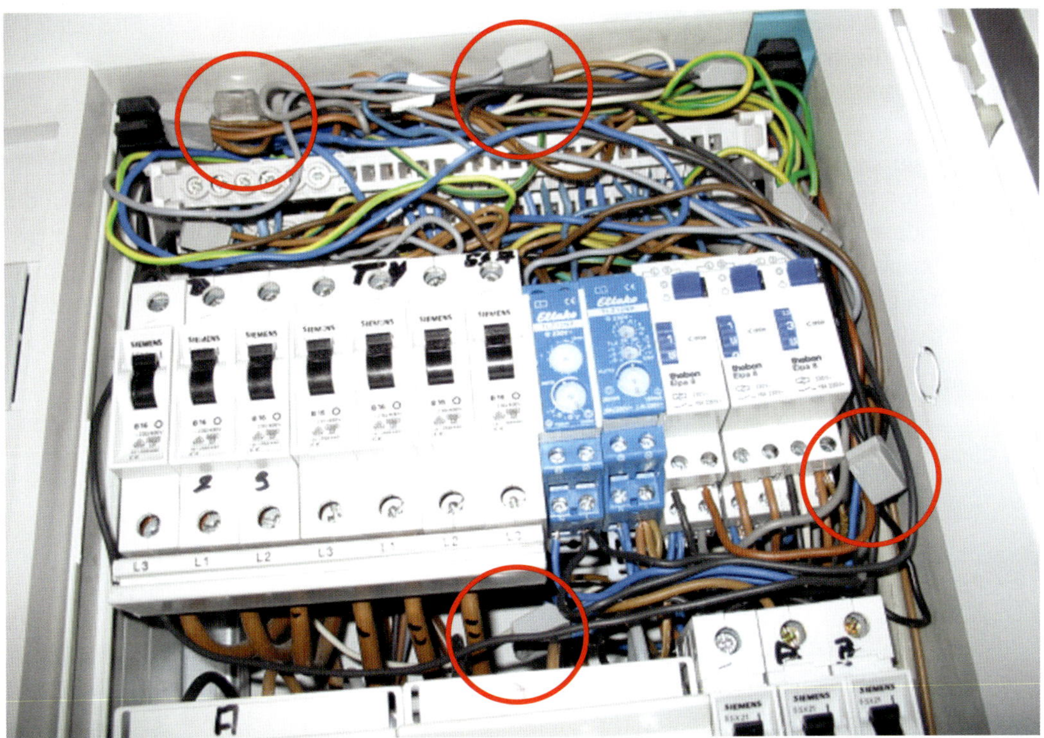

Bild 3.15

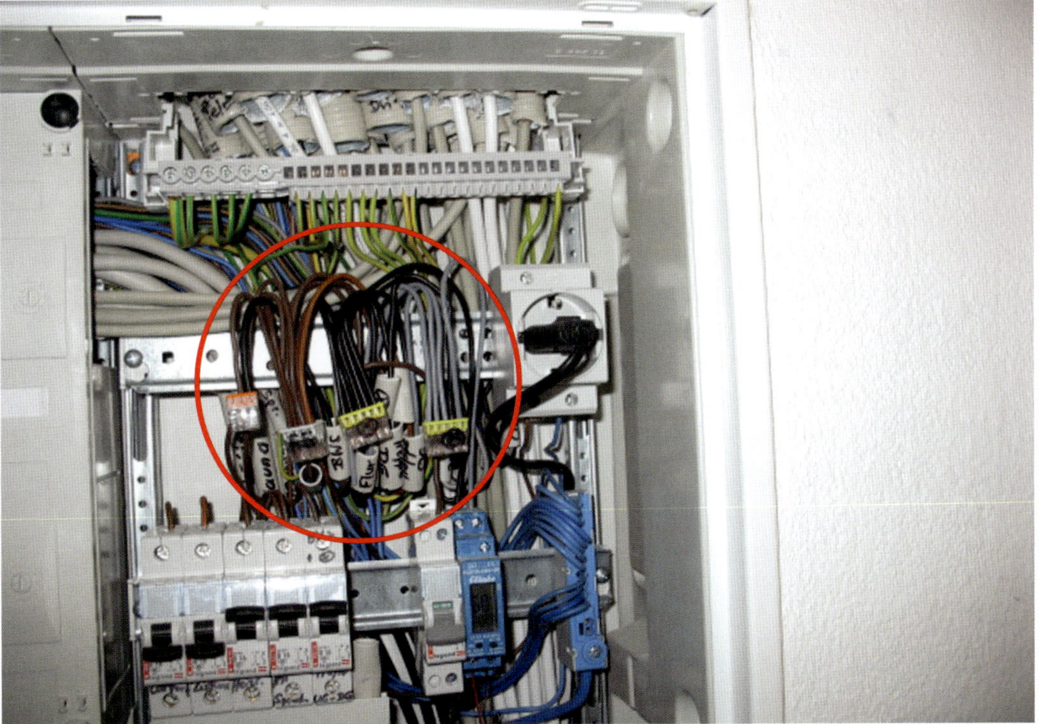

Bild 3.16

– Leiter dürfen zwischen zwei Klemmstellen keine Verbindungsstelle, z. B. Flickstelle oder Lötstelle, haben.

– Leiter nur mit Basisisolierung dürfen blanke aktive Teile anderen Potentials nicht berühren."

Anmerkung: Dieser Sachverhalt ist normativ ausdrücklich nicht eindeutig geregelt, da die Interpretation des Begriffes *„Flickstelle"* nicht klar und eindeutig herleitbar ist und sich die oben genannte normative Vorgabe auch nur auf Leiter zwischen zwei Klemmstellen bezieht. Alternativ könnte hier noch mit DIN VDE 0100-100 Ausgabe 2009-06 Abschnitt 134.1.4 argumentiert werden, um diese meiner Meinung nach nicht fachgerechte Ausführungsvariante beanstanden zu können.

Hinweis
Weitere in diesem Bild erkennbare normative oder handwerkliche Abweichungen wurden in diesem Ansatz ausdrücklich nicht bewertet.

3.10 Schutz durch Schutzisolierung

Bild 3.17 zeigt eine nicht fachgerecht ausgeführte Installation (Verteilerinstallation). Bei dem Unterverteiler der *Schutzklasse 2* wurde die leitfähige Tragekonstruktion mit dem Schutzleiter (PE) verbunden.

Bild 3.18 zeigt eine nicht fachgerecht ausgeführte Installation (Verteilerinstallation) des Übergangs zur Verteilertüre.

Bei dem Unterverteiler der *Schutzklasse 2* wurden basisisolierte Leiter ohne jeglichen Schutz zu den Bedienelementen (230-V-Bedienelemente) in der Verteilertür geführt.

Hinweis
Der in den Bildern gezeigte Sachverhalt ist auf alle Installationen (Energieanlagen) übertragbar.

Bild 3.17

Bild 3.18

Normativer Bewertungsansatz des in Bild 3.17 gezeigten Praxisfalles

DIN EN 61439-1 VDE 0660-600-1:2012-06, Abschnitt 8.4.4
Aufzählungspunkt c:

„Das Gehäuse muss im betriebsfertigen Zustand der Schaltgerätekombination nach dem Anschließen an das Versorgungsnetz alle aktiven Teile, alle Körper und alle Teile eines Schutzleiterkreises so umschließen, dass sie nicht berührt werden können. Das Gehäuse muss wenigstens der Schutzart IP2XC (siehe IEC 60529) entsprechen. Wenn durch eine derartige Schaltgerätekombination, deren Körper isoliert angeordnet sind, ein Schutzleiter zu den nachgeschalteten elektrischen Betriebsmitteln durchgeschleift wird, müssen für den Anschluss der von außen herangeführten Schutzleiter Anschlüsse vorgesehen und in geeigneter Weise gekennzeichnet werden.

Innerhalb des Gehäuses müssen der Schutzleiter und seine Anschlüsse von den aktiven Teilen und von den Körpern ebenso isoliert werden wie die aktiven Teile."

Aufzählungspunkt d:

„Körper innerhalb der Schaltgerätekombination dürfen nicht mit dem Schutzleiterkreis verbunden werden, d. h., sie dürfen nicht in eine Schutzmaßnahme mit Schutzleiterkreis einbezogen werden. Das gilt auch für eingebaute Betriebsmittel, auch wenn sie einen Schutzleiteranschluss haben."

(Alternativ wäre hier auch die Norm DIN VDE 0100-410 Ausgabe 2007-06 Abschnitt 412 bzw. Anhang A anwendbar).

Normativer Bewertungsansatz des in Bild 3.18 gezeigten Praxisfalles

DIN EN 61439-1 VDE 0660-600-1:2012-06, Abschnitt 8.4.4
Aufzählungspunkt a:

„Für den Basis- und Fehlerschutz durch Schutzisolierung müssen folgende Anforderungen erfüllt werden:

– Die Betriebsmittel müssen vollständig von Isolierstoff umhüllt sein, vergleichbar mit doppelter oder verstärkter Isolierung. Das Gehäuse muss das Bildzeichen (Doppelquadrat) tragen. Dieses muss von außen erkennbar sein."

Anmerkung: Basisisolierte Leiter ohne zusätzliche Umhüllung erfüllen ausdrücklich nicht die Anforderungen der doppelten oder verstärkten Isolation bzw. der Schutzklasse 2.

Alternativ wäre hier auch die Norm DIN VDE 0100-410 VDE 0100-410:2007-06, Abschnitt 412 bzw. Anhang A anwendbar.

Bezüglich der handwerklichen Ausführung des Verteilertürübergangs kann auch DIN EN 61439-2 VDE 0660-600-2:2012-06, Abschnitt 8.6.3 herangezogen werden.

3.11 Schutzleiterverbindungen

Bild 3.19 zeigt eine nicht fachgerecht ausgeführte bzw. **nicht** geeignete interne Schutzleiterverbindung innerhalb einer Schaltanlage.

Hinweis
Dieser Sachverhalt ist auf alle Installationen (Energieanlagen) übertragbar.

Bild 3.19

Normativer Bewertungsansatz

DIN EN 61439-1 VDE 0660-600-1:2012-06, Abschnitt 8.4.3.2.2 bzw. 8.4.3.2.3

Grundsätzlich ist die Nutzung von Konstruktionsteilen **innerhalb** von Niederspannungsschaltgerätekombinationen **nicht** generell unzulässig, allerdings müssen hierfür die Bedingungen nach den Abschnitten 8.4.3.2.2 bzw. Abschnitt 8.4.3.2.3 der DIN EN 61439-2 VDE 0660-600-2:2012-06 eingehalten werden **und** ein Nachweis nach Abschnitt 10.5.2 erfolgen, der für die Konstellation im obigen Bild **nicht** vorliegt.

Anmerkung: Der Errichter der elektrischen Anlage sollte sich den Nachweis der Schutzleiterverbindung vom ursprünglichen Hersteller des Verteilergehäuses bescheinigen lassen.

3.12 Nicht fachgerechte Leitungseinführung

Bild 3.20 zeigt eine nicht fachgerecht ausgeführte Leitungseinführung in einen elektrischen Verteiler.

Hinweis
Dieser Sachverhalt ist auf alle Installationen (Energieanlagen) übertragbar.

Bild 3.20

Normativer Bewertungsansatz

1. DIN VDE 0100-520 VDE 0100-520:2013-06, Abschnitt 526.6

In diesem Abschnitt wird gefordert, die Anschluss- und Verbindungsstellen von Kabel und Leitungen von mechanischer Belastung zu befreien (Schub- und Zugentlastung).

Hinweis
Die in Bild 3.20 gewählte Zugentlastung mittels normalen „Kabelbindern“ entspricht nicht der Vorgabe in DIN VDE 0100-520 VDE 0100-520:2013-06, Abschnitt 526.6.
Hierzu wären z. B. die in dem Bild vorhandenen Abfangschienen (C-Schiene) mit entsprechenden Befestigungsmitteln (Bügelschellen) geeignet.

2. DIN EN 61439-1 VDE 0660-600-1:2012-06, Abschnitt 8.8:

„Öffnungen in Kabel-/Leitungseinführungen, Abschlussplatten usw. müssen so ausgeführt sein, dass nach ordnungsgemäßem Einbringen der Kabel/Leitungen die vorgesehenen Schutzmaßnahmen gegen Berühren und die vorgesehene Schutzart erreicht werden. Dies erfordert, dass die vom Hersteller der Schaltgerätekombination für den jeweiligen Anwendungsfall angegebenen Mittel zum Einführen verwendet werden.“

4 Praxisfälle und deren normative und praktische Bewertung im Bereich der Informationstechnik

In diesem Kapitel werden Praxisfälle aus dem Bereich der Informations- und Kommunikationstechnik dargestellt und anhand der im Kapitel 1 aufgezeigten Grundsätze und Bewertungsmaßstäbe kommentiert.

Zielstellung ist es, dem Errichter, Planer oder Prüfer elektrischer Anlagen im Bereich der Informationstechnik normative Neuerungen, aber auch alt hergebrachte Problemstellungen zu erläutern und Ihm Lösungsansätze für die praktische Umsetzung an die Hand zu geben.

Ein besonderes Augenmerk wird dabei auch darauf gelegt, dass der Normenanwender die *„normativen Schutzziele“* nachvollziehen und seine Entscheidungen an diesen ausrichten kann. Dies ist umso wichtiger, da im Zeitalter der international harmonisierten elektrotechnischen Normung die Anwendung der elektrotechnischen Normen für den Praktiker nicht einfacher wird.

Folgende DIN-VDE-Normen werden in ihrer gültigen Fassung Stand 2018 kommentiert und als Maßstab für die Bewertung der einzelnen Praxisfälle herangezogen. Weiterführende Normen und Vorschriften sind beim jeweiligen Praxisfall noch zusätzlich aufgeführt.

- DIN VDE 0100-410
- DIN VDE 0100-510
- DIN VDE 0100-540
- DIN VDE 0100-420
- Allgemein Normenreihe VDE 0800
- DIN VDE 0800-174-2
- DIN VDE 0800-2-310
- DIN VDE 0833-1-4
- DIN VDE 0855-1

Hinweis

In den folgenden Praxisfällen liegt der Fokus auf bestimmten Abweichungen von Normen und Herstellervorgaben. Dies soll jedoch keine allumfassende Bewertung des jeweiligen Falles darstellen. Eventuelle weitere erkennbare Abweichungen sollen nicht bewertet werden.

4.1. Trennung der Systeme

Die **Bilder 4.1** bis **4.3** zeigen nicht fachgerecht ausgeführte Installationen, da in dem Leitungsführungskanal die Trennung der verschiedenen Systeme (Energietechnik und Informationstechnik) nicht nach den normativen Vorgaben umgesetzt wurde.

Hinweis
Der in den Bildern gezeigte Sachverhalt ist auf alle Systeme mit Trennanforderungen übertragbar.

Bild 4.1

Bild 4.2

Bild 4.3

Normativer Bewertungsansatz

DIN VDE 0100-520 VDE 0100-520:2013-06, Abschnitt 528.1:

„Stromkreise mit Spannungen der Spannungsbereiche I und II nach IEC 60449 (IEC 60449:1973 + A1:1979 ist übernommen in CENELEC HD 193 S2:1982) dürfen nicht in derselben Kabel- und Leitungsanlage verlegt sein, es sei denn, eine der folgenden Maßnahmen wird angewendet:

- *Jedes Kabel oder jede Leitung ist entsprechend der höchsten vorkommenden Spannung isoliert oder*
- *jeder Leiter eines mehradrigen Kabels/einer mehradrigen Leitung ist für die höchste in dem Kabel/der Leitung vorkommende Spannung isoliert oder*
- *die Kabel/Leitungen sind entsprechend ihrer Bemessungsspannung isoliert und in getrennten Abschnitten eines geschlossenen oder zu öffnenden Elektroinstallationskanals verlegt oder*
- *die Kabel/Leitungen sind in einer Kabelwanne angeordnet, bei der Trennung durch eine Zwischenwand gegeben ist, oder*
- *es werden getrennte Installationsrohrsysteme, zu öffnende Installationskanalsysteme und geschlossene Installationskanalsysteme verwendet."*

Hinweis

Zusätzlich ist noch die Berechnung der Mindesttrennanforderung nach Abschnitt 6.2.1 der VDE 0800-174-2 Ausgabe 2015-02 zu beachten. Für Bild 4.2 ist zudem die Umsetzung der Anforderungen nach Abschnitt 9 der VDE 0855-1und für Bild 4.3 der VDE 0100-712 erforderlich.

Die Bemessung erfolgt nach dem System mit der höchsten Systemspannung, dies ist bei Bild 4.3 die Systemspannung (Strangspannung) der Photovoltaikanlage.

Die Bestimmung der Bemessungsspannung von Leitungen oder Kabel für **Gleichspannung** anstelle von Wechselspannung erfolgt nach den Vorgaben von Abschnitt 522.8.1.1 der DIN VDE 0100-520 Ausgabe 2013-06.

4.2 Nicht fachgerechter Potentialausgleich

Bild 4.4 zeigt einen nicht fachgerecht erstellten bzw. nicht vorhandenen Potentialausgleich für Empfangsanlagen (SAT-Empfangsanlage).

Hinweis

Der im Bild gezeigte Sachverhalt ist auf alle vergleichbaren Situationen der Informations- bzw. Energietechnik übertragbar.

Normativer Bewertungsansatz

DIN EN 60728-11 VDE 0855-1:2017-10, Abschnitt 6:

„Das Kabelnetz muss entsprechend den Vorschriften der Reihe IEC 60364 geplant und konstruiert sein, sodass auf den Kabelschirmen (äußere Leiter) der Kabel oder an zugänglichen Metallteilen eines jeden Gerätes, einschließlich der passiven Einheiten, keine gefährlichen Spannungen auftreten können. Die Anforderungen für Teilnehmeranschlussdosen sind im Abschnitt 10, die Anforderungen für den Potentialausgleich und den Blitzschutz der Anlage sind im Abschnitt 11 beschrieben.

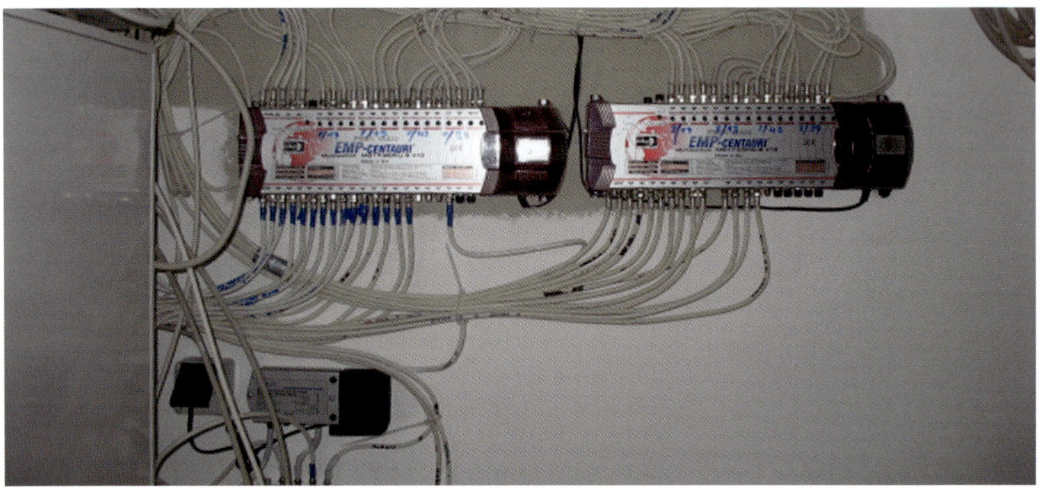

Bild 4.4

Diese Anforderungen an den Potentialausgleich sollen ausschließlich dem Schutz des Kabelnetzes dienen und sind nicht dazu gedacht, Schutz gegen elektrischen Schlag (gefährliche Körperströme) aus der Elektroinstallation zu bieten.

Die Ausführung des Potentialausgleichs erfolgt nach dem Abschnitt 6.2.“

DIN EN 60728-11 VDE 0855-1:2017-10, Abschnitt 6.2:

„Um zu verhindern, dass Spannungsunterschiede zwischen einem Kabelnetz und anderen fremden leitfähigen Teilen auftreten, die Personen gefährden oder zu Sachschäden (z. B. Entzündung oder Störung von Geräten durch Lichtbogenüberschlag) führen können, muss das Kabelnetz in die Potentialausgleichsanlage des Gebäudes einbezogen werden.“

4.3 Kabel- und Leitungsführung

Bild 4.5 zeigt eine nicht fachgerecht ausgeführte Kabel- und Leitungsverlegung in Bezug auf ein Kabelrinnensystem.

Hinweis
Der im Bild gezeigte Sachverhalt ist auf alle vergleichbaren Situationen der Energietechnik und Informationstechnik übertragbar.

Normativer Bewertungsansatz

DIN VDE 0100-520 VDE 0100-520:2013-06, Abschnitt 528.1:

„Stromkreise mit Spannungen der Spannungsbereiche I und II nach IEC 60449 (IEC 60449:1973 + A1:1979 ist übernommen in CENELEC HD 193 S2:1982) dürfen nicht in derselben Kabel- und Leitungsanlage verlegt sein, es sei denn, eine der folgenden Maßnahmen wird angewendet:

- *Jedes Kabel oder jede Leitung ist entsprechend der höchsten vorkommenden Spannung isoliert oder*
- *jeder Leiter eines mehradrigen Kabels/einer mehradrigen Leitung ist für die höchste in dem Kabel/der Leitung vorkommende Spannung isoliert oder*

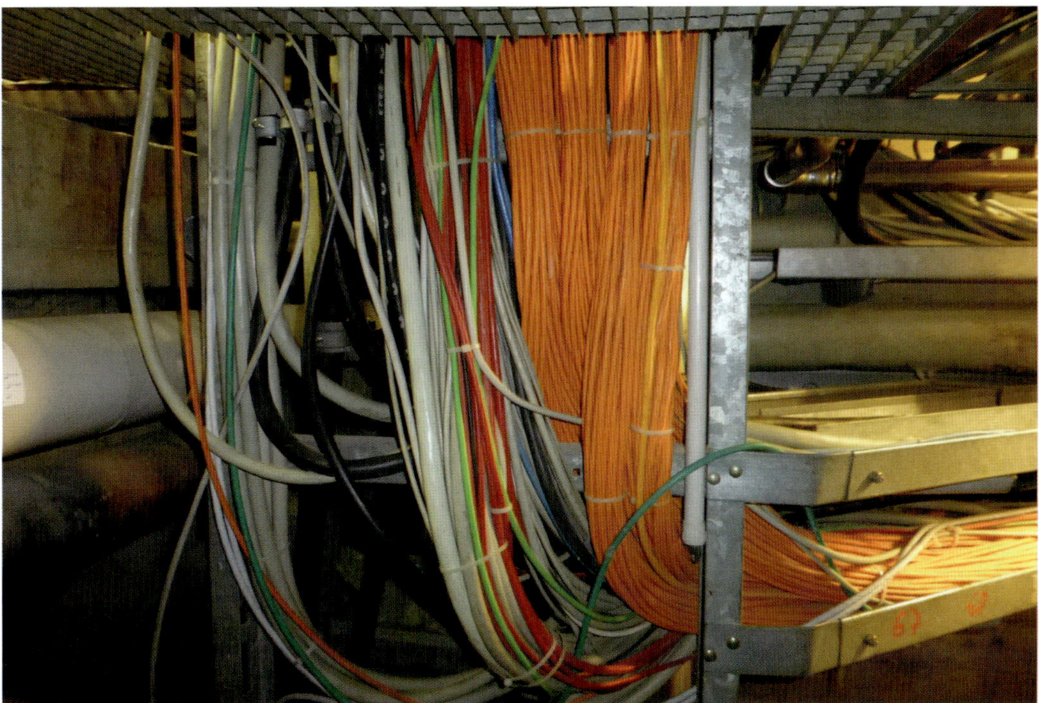

Bild 4.5

- *die Kabel/Leitungen sind in einer Kabelwanne angeordnet, bei der Trennung durch eine Zwischenwand gegeben ist, oder*
- *es werden getrennte Installationsrohrsysteme, zu öffnende Installationskanalsysteme und geschlossene Installationskanalsysteme verwendet."*

Hinweis
Zusätzlich ist noch die Berechnung der Mindesttrennanforderung nach Abschnitt 6.2.1 der VDE 0800-174-2 Ausgabe 2015-02 und die Umsetzung der Anforderungen nach Abschnitt 9 der VDE 0855-1 erforderlich.

4.4 Funktionserdung

Für den im **Bild 4.6** gezeigten Daten-Netzwerkverteiler (> 21 U = Höheneinheiten) wurde ein Funktionserdungsleiter mit einem Querschnitt 4 mm^2 Kupfer realisiert.

Hinweis
Dieser Sachverhalt ist auf alle vergleichbaren Situationen der Energietechnik oder Informationstechnik übertragbar.

Normativer Bewertungsansatz

DIN VDE 0100-444 VDE 0100-444:2010-10, Abschnitt 444.5.7.Z1:
„Der Querschnitt des Schutzleiters muss nach DIN VDE 0100-540 (VDE 0100-540):2007-06, Abschnitt 543, ausgewählt werden [momentan ist hierfür VDE 0100-540:2012-06 anzuwenden].

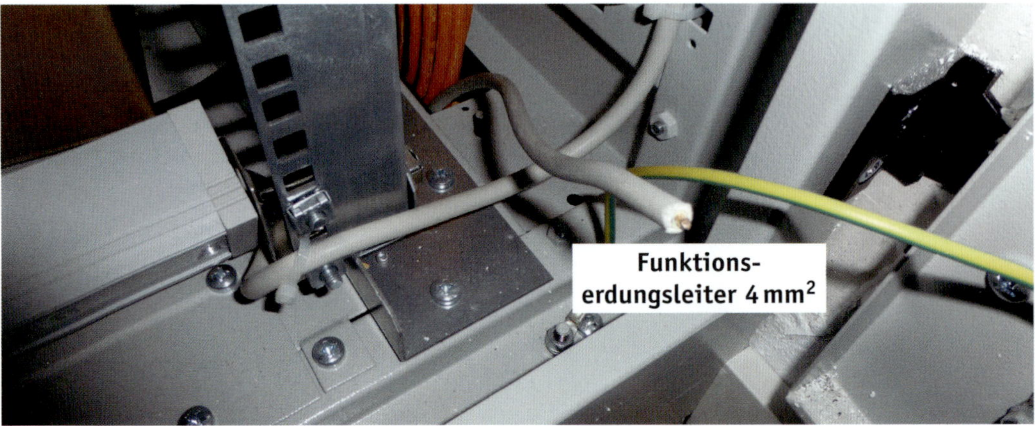

Bild 4.6

Trotzdem darf der Querschnitt des Leiters nicht kleiner sein als:
- *4 mm² für ein Gehäuse 21 U;*
- *16 mm² für ein Gehäuse > 21 U;*
- *25 mm² zu einer Erdungsschiene bei Schrankkombinationen.*“

Anmerkung: U ist die Maßeinheit für die Einschubhöhe von 44,54 mm, wie in DIN EN 60297-3-105 festgelegt.

Somit ist bei einem Daten-Netzwerkverteiler (>21 U) ein Mindestquerschnitt von 16 mm² (Kupfer) notwendig.

Diese Festlegung bezieht sich ausdrücklich nicht auf die Funktionserdungsleiter innerhalb des Daten-Netzwerkverteilers, hier sind die Herstellervorgaben zu beachten.

Für reine Funktionserdungsleiter darf formal **nicht** die Leiterfarbe „Grün-Gelb“ gewählt werden.

4.5 Nicht fachgerecht ausgeführte Montage

Bild 4.7 zeigt eine nicht fachgerecht ausgeführte Montage und Installation von Komponenten einer BK-Anlage im Verteilerfeld einer Zähleranlage.

Hinweis
Dieser Sachverhalt ist auf alle Installationen (Energieanlagen) übertragbar.

Normativer Bewertungsansatz

Nach den einschlägigen Herstellervorgaben müssen die oben aufgeführten Komponenten einer BK-Anlage ortsfest montiert und in den Potentialausgleich nach **DIN EN 60728-11 VDE 0855-1:2017-10, Abschnitt 6,** eingebunden werden.

Hinweis
Diese in der Praxis immer wieder vorkommende handwerkliche Unzulänglichkeit bedarf eigentlich keiner normativen Bewertung und sollte für jede Elektrofachkraft als klare handwerkliche und normative Abweichung erkennbar sein.

Bild 4.7

4.6 Nicht fachgerecht ausgeführte Netzwerkinstallation

Bild 4.8 zeigt eine nicht fachgerecht ausgeführte Netzwerkinstallation.

Hinweis
Der im Bild gezeigte Sachverhalt ist auf alle Netzwerkinstallationen, unabhängig von den genutzten Diensten, übertragbar.

Normativer Bewertungsansatz

1. DIN EN 50174-2 VDE 0800-174-2:2015-02, Abschnitt 4.1.9:

„Anschlusspunkte für sowohl informationstechnische Kabel wie auch Stromversorgungskabel müssen so angeordnet und ausgerichtet werden, dass das Eindringen von Feuchtigkeit oder anderen Verschmutzungen verhindert und das Risiko der Beschädigung der daran angeschlossenen Kabel vermindert wird."

2. DIN EN 50174-2 VDE 0800-174-2:2015-02, Abschnitt 8.3.8.1.1:

„Der Zugang zu den vorgesehenen Räumen muss kontrolliert werden. In den vorgesehenen Räumen müssen zur Beschränkung des Zugangs zu bestimmten Elementen der Verkabelungsinfrastruktur zusätzliche Systeme in Betracht gezogen werden.

Zusätzlich sind die Anforderungen des Abschnitts 8.3.8.3.1 für Räume mit Verkabelungskomponenten zu beachten."

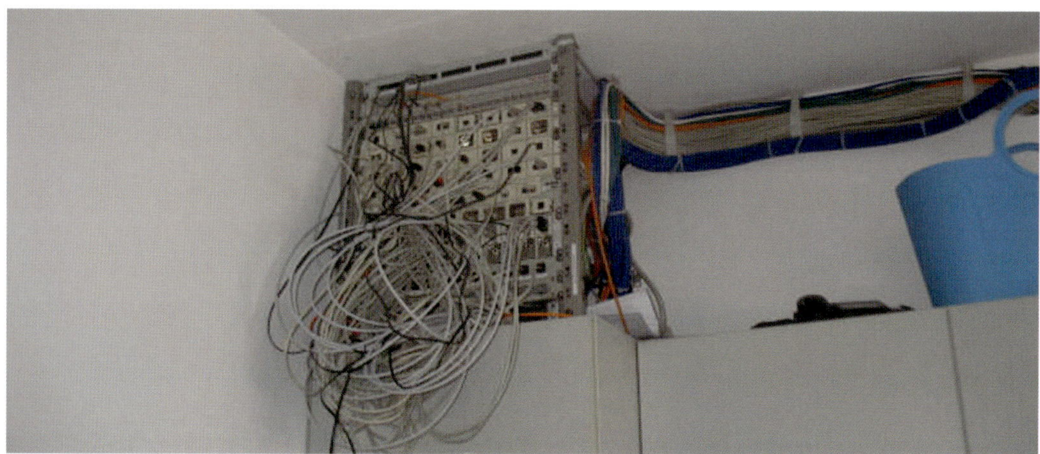

Bild 4.8

4.7 Nicht fachgerecht ausgeführte Empfangsanlage (SAT-Empfang)

Bild 4.9 zeigt eine nicht fachgerecht ausgeführte Empfangsanlage (SAT-Empfang).

Das Gebäude verfügt über ein Blitzschutzsystem nach der Normenreihe DIN EN 62305. Die Empfangsanlage wurde nicht im Schutzbereich einer Fangeinrichtung platziert. Zusätzlich wurde der notwendige Trennungsabstand zur metallischen Blechverkleidung, die mit dem Blitzschutzsystem verbunden ist, nicht eingehalten.

Hinweis
Der im Bild gezeigte Sachverhalt ist auf alle Empfangsanlagen auf Gebäuden mit einem Blitzschutzsystem übertragbar.

Bild 4.9

Normativer Bewertungsansatz

1. DIN EN 62305-3 VDE 0185-305-3:2011-10, Abschnitt 5.2.2:

„Fangeinrichtungsteile, die auf einer baulichen Anlage errichtet werden, müssen an Ecken, herausragenden Stellen und Kanten (vor allem im oberen Bereich jeder Fassade) nach einem oder mehreren der folgenden Verfahren angebracht werden."

2. DIN EN 62305-3 VDE 0185-305-3:2011-10, Abschnitt 6.3.1:

„Die elektrische Isolierung zwischen Fangeinrichtung oder Ableitung einerseits und den baulichen metallenen Installationen, den metallenen Installationen und den inneren Systemen der baulichen Anlage andererseits kann durch einen Abstand zwischen diesen Teilen, der größer als der Trennungsabstand ‚s' ist, erreicht werden."

4.8 Nicht fachgerecht ausgeführte Leitungsverlegung im Erdreich

Bild 4.10 zeigt eine nicht fachgerecht ausgeführte Leitungsverlegung im Erdreich.

Hinweis
Dieser Sachverhalt ist auf alle Leitungsverlegungen im Erdreich übertragbar.

Bild 4.10

Normativer Bewertungsansatz

DIN VDE 0100-520 VDE 0100-520:2013-06, Abschnitt 521.6 Tabelle F.52.1

Auszug aus Tabelle F.52.1 (Normenauszug aus DIN EN 61386-1 VDE 0605-1:2009-03):

„Das hier verwendete Installationsrohr (FBY-EL-F) erfüllt nicht die Druckfestigkeitsanforderungen oder weitere Kriterien für eine Verwendung im Erdreich, dies gilt unabhängig der darin angeordneten Leitungsart, zusätzlich ist die verwendete Koaxialleitung ebenfalls nicht für die Verlegung im Erdreich geeignet."

5 Praxisfälle und deren normative und praktische Bewertung im Bereich des Blitz- und Überspannungsschutzes/der Erdung

In diesem Kapitel werden Praxisfälle aus dem Bereich des Blitz- und Überspannungsschutzes und der Erdungsanlagen bzw. des Potentialausgleiches dargestellt und anhand der im Kapitel 1 aufgezeigten Grundsätze und Bewertungsmaßstäbe kommentiert.

Zielstellung ist es, dem Errichter, Planer oder Prüfer elektrischer Anlagen im Bereich des Blitz- und Überspannungsschutzes normative Neuerungen, aber auch alt hergebrachte Problemstellungen zu erläutern und Ihm Lösungsansätze für die praktische Umsetzung an die Hand zu geben.

Ein besonderes Augenmerk wird dabei auch darauf gelegt, dass der Normenanwender die *„normativen Schutzziele"* nachvollziehen und seine Entscheidungen an diesen ausrichten kann. Dies ist umso wichtiger, da im Zeitalter der international harmonisierten elektrotechnischen Normung die Anwendung der elektrotechnischen Normen für den Praktiker nicht einfacher wird.

Folgende DIN-VDE-Normen werden in ihrer gültigen Fassung Stand 2018 kommentiert und als Maßstab für die Bewertung der einzelnen Praxisfälle herangezogen. Weiterführende Normen und Vorschriften sind beim jeweiligen Praxisfall noch zusätzlich aufgeführt.

- DIN VDE 0100-410
- DIN VDE 0100-510
- DIN VDE 0100-540
- DIN VDE 0100-444
- DIN VDE 0100-443/534
- Allgemein Normenreihe VDE 0185-305
- DIN 18014
- DIN VDE 0800-2-310
- DIN VDE 0184

Hinweis

In den folgenden Praxisfällen liegt der Fokus auf bestimmten Abweichungen von Normen und Herstellervorgaben. Dies soll jedoch keine allumfassende Bewertung des jeweiligen Falles darstellen. Eventuelle weitere erkennbare Abweichungen sollen nicht bewertet werden.

5.1 Trennungsabstand nicht eingehalten

Bild 5.1 zeigt eine nicht fachgerecht ausgeführte Installation, da der Trennungsabstand der Ableitung des äußeren Blitzschutzes zu den Komponenten der Alarmtechnik bzw. der Außenbeleuchtungsanlage nicht eingehalten wurde.

Das Einbinden der Komponenten der Alarmtechnik bzw. der Außenbeleuchtungsanlage über Trennfunkenstrecken führt im Falle einer Blitzeinwirkung auf das Gebäude zu vergleichbaren Wirkungen wie eine klassische Missachtung der Vorgaben zur Einhaltung zum Trennungsabstand.

Bild 5.2 zeigt eine nicht fachgerecht ausgeführte Installation, da der Trennungsabstand der Ableitung des äußeren Blitzschutzes zu den Komponenten der Vogelabwehr-Anlage bzw. der versorgenden elektrischen Anlage (provisorisch bzw. nicht fachgerecht installierte Steckdose und deren Zuleitung) nicht eingehalten wurde.

Bild 5.3 zeigt eine nicht fachgerecht ausgeführte Installation, da der Trennungsabstand der Ableitung des äußeren Blitzschutzes zu den Komponenten der „Leuchtreklame-Anlage" bzw. der versorgenden elektrischen Anlage (nicht fachgerecht installierte Anschlussdose und deren Zuleitung) nicht eingehalten wurde.

Hinweis
Der in den Bildern gezeigte Sachverhalt ist auf alle Systeme mit Trennanforderungen übertragbar.

Bild 5.1

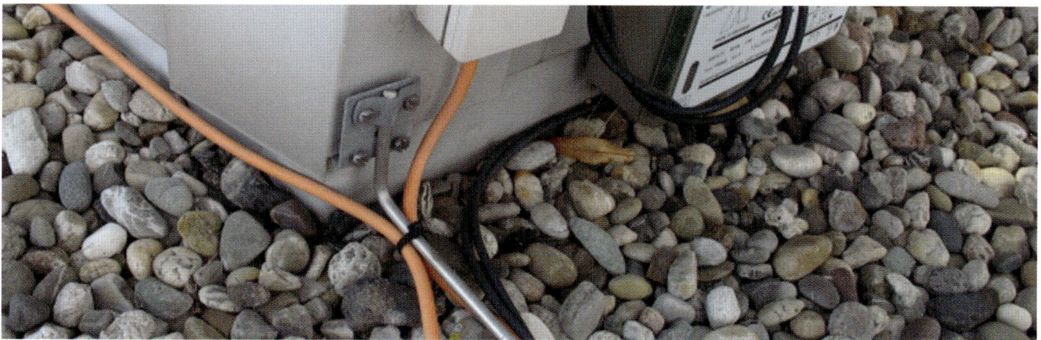

Bild 5.2

Bild 5.3

Normativer Bewertungsansatz

1. DIN EN 62305-3 VDE 0185-305-3:2011-10, Abschnitt 6.3.1:

„Die elektrische Isolierung zwischen Fangeinrichtung oder Ableitung einerseits und den baulichen metallenen Installationen, den metallenen Installationen und den inneren Systemen der baulichen Anlage andererseits kann durch einen Abstand d zwischen diesen Teilen, der größer als der Trennungsabstand s ist, erreicht werden."

2. DIN EN 62305-1 VDE 0185-305-1:2011-10, Abschnitt 7.3:

„Der Schutz wird erreicht durch ein Blitzschutzsystem (LPS) mit den Bestandteilen

- *Fangeinrichtung,*
- *Ableitungseinrichtung,*
- *Erdungsanlage,*
- *Blitzschutz-Potentialausgleich (EB),*
- ***elektrische Isolierung gegen den äußeren Blitzschutz (und damit Einhaltung des Trennungsabstands)."***

Hinweis

Ohne Einhaltung der Anforderungen nach Abschnitt 6.3.1 der DIN VDE 0185-305-3 Ausgabe 2011-10 sind schwere Schäden an der elektrischen oder informationstechnischen Anlage oder an Gefahrenmeldeanlagen in der Praxis nicht zu verhindern. Zusätzlich wird hiermit auf den informativen Anhang C der DIN VDE 0185-305-3 Ausgabe 2011-10 und die einschlägige Literatur zum Themenfeld des „Trennungsabstandes" verwiesen.

5.2 Nicht fachgerechter Einbau SPD

Bild 5.4 zeigt eine nicht fachgerecht umgesetzte Instandhaltungsmaßnahme; der rechte Überspannungsableiter (SPD Typ 2) wurde nicht fachgerecht montiert.

Bild 5.5 zeigt eine nicht fachgerecht umgesetzte Überspannungsschutzeinrichtung (SPD Typ 1/2), da die Trennung der geschützten und nicht geschützten Anlagenteile und die impedanzarme Verlegung der Anschlussleiter der SPD-Schutzeinrichtung nicht umgesetzt wurden.

Bild 5.6 zeigt einen nicht fachgerecht ausgeführten Einbau einer Überspannungsschutzeinrichtung (SPD Typ 2); die impedanzarme Verlegung der Anschlussleiter der SPD-Schutzeinrichtung und die maximale Anschlussleiterlänge wurden nicht eingehalten.

Hinweis
Der in den Bildern 5.4 bis 5.6 gezeigte Sachverhalt ist auf alle vergleichbaren Situationen im Bereich der Energie- und Informationstechnik übertragbar.

Bild 5.4

Bild 5.5

Bild 5.6

Bild 5.7 zeigt einen nicht fachgerecht ausgeführten Einbau einer Überspannungsschutzeinrichtung (SPD Typ 1), die impedanzarme Verlegung der Anschlussleiter der SPD-Schutzeinrichtung und die Einhaltung der maximalen Anschlussleiterlänge bzw. die fachgerechte Leiterkennzeichnung wurde nicht eingehalten.

Bild 5.8 zeigt einen nicht fachgerecht ausgeführten Einbau einer Überspannungsschutzeinrichtung SPD Typ 1; es wurde keine Verbindung zur Gebäude-Erdungsanlage realisiert.

Hinweis
Dieser Sachverhalt ist auf alle Energieanlagen mit Überspannungsschutzeinrichtung SPD Typ 1 übertragbar.

Bild 5.7

Bild 5.8

Bild 5.9 liegt folgender Sachverhalt zugrunde:

- Der Blitzstromableiter ist technisch überaltert.
- Die Leiteranordnung wurde nicht erd- und kurzschlusssicher ausgeführt.
- Beim Ansprechen des Blitzstrom-Ableiters begrenzt die vorhandene Vorsicherung

(500 A gG) den Netzfolgestrom (dreipoliger Kurzschlussstrom) nicht in ausreichender Größenordnung, und es kommt zu einer Zerstörung des Ableiters und zu einer Überlastung der Anschlussleiter.
- Die Länge der Anschlussleiter überschreitet deutlich die Maximallänge von insgesamt 0,5 m: Es wurde ca. 1,2 m Länge pro Pol ermittelt, was einer wirksamen Gesamtanschlusslänge von 2,4 m entspricht. Es wurden offensichtlich auch keine Ersatzmaßnahmen ergriffen.

Hinweis
Dieser Sachverhalt ist auf alle Einbausituationen von Blitzstrom-Ableitern (SPD Typ 1) in Gebäuden übertragbar.

Bild 5.9

Bild 5.10 zeigt eine nicht fachgerechte Ausführung eines DC-Ableiters Typ 1/2 als Schutzgerät für einen Wechselrichter.
- Es wurde hauptsächlich im unteren Bereich keine räumliche Trennung zwischen Blitzstrom führenden Leitern und anderen Leitern bzw. Systemen (Informationstechnik und den Steuerleitungen) eingehalten. Auf diese Weise ist ein Überkoppeln der vom DC-Ableiter Typ1/2 abgeleiteten Energie in andere Leiter oder Systeme und deren Überlastung oder Ausfall vorprogrammiert.
- Die in **DIN VDE 0100-520 VDE 0100-520:2013-06** und **DIN EN 50174-2 VDE 0800-174-2:2015-02** geforderte Trennung von Systemen unterschiedlicher Spannungsbereiche (jedes Leitungssystem in einem Kabel bzw. Leitungsführungssystem muss für die höchst vorkommende Spannung isoliert sein) und die Trennung zur Vermeidung von EMV-Störungen nach **DIN EN 50174-2 VDE 0800-174-2:2015-02** wurden ausdrücklich nicht eingehalten.

Hinweis
Der gezeigte Sachverhalt ist auf alle Installationen (Energieanlagen) übertragbar.

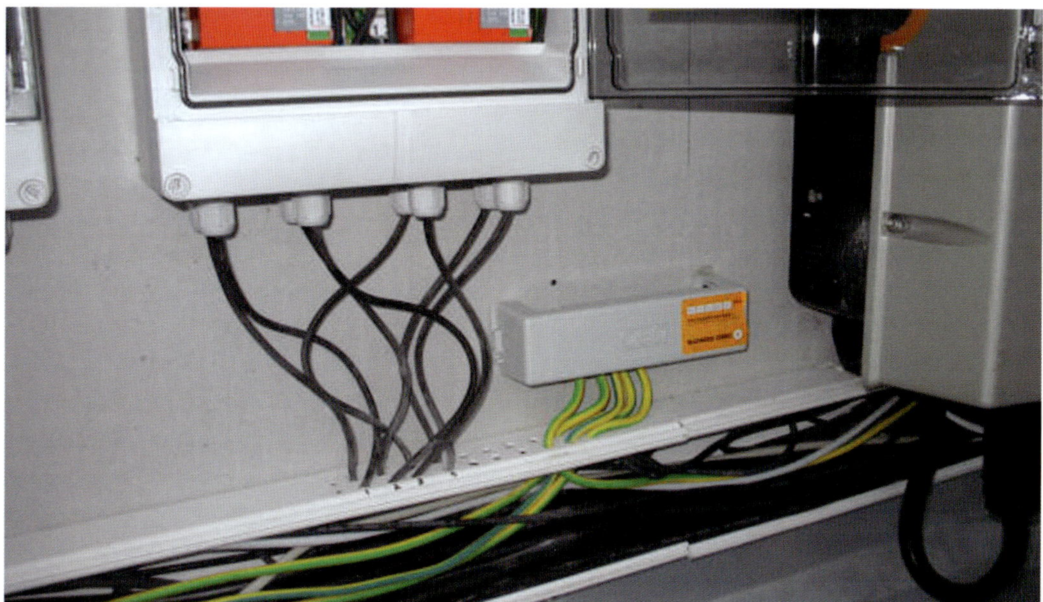

Bild 5.10

Normativer Bewertungsansatz des in Bild 5.4 gezeigten Praxisfalles

DIN VDE 0100-534 VDE 0100-534:2016-10, Abschnitt 534.4 bzw. DIN VDE 0100-100 VDE 0100-100:2009-06, Abschnitt 134.1.1

Auszug aus Abschnitt 134.1.1:

„Elektrische Anlagen müssen fachgerecht von geeignetem qualifiziertem Personal und unter Verwendung von geeignetem Material errichtet werden. Elektrische Betriebsmittel müssen entsprechend den Angaben des Betriebsmittel-Herstellers errichtet werden."

Normativer Bewertungsansatz der in den Bildern 5.5 bis 5.7 gezeigten Praxisfälle

DIN VDE 0100-534 VDE 0100-534:2016-10, Abschnitt 534.4.8:

„Der Anschluss und die Länge der Anschlussleitungen, die Anordnung der Überspannungs-Schutzeinrichtungen (SPDs), Schutzeinrichtungen selbst und die Anordnung der notwendigen Abtrenneinrichtungen beeinflussen erheblich den in der elektrischen Anlage tatsächlich wirksamen Schutzpegel.

Alle Anschluss- und Verbindungsleitungen zwischen Überspannungs-Schutzeinrichtung (SPD) und zum schützenden aktiven Leiter und alle Verbindungen zwischen den Überspannungs-Schutzeinrichtungen (SPDs) und allen externen Abtrennvorrichtungen müssen möglichst kurz und möglichst geradlinig ausgeführt werden. Unnötige Leiterschleifen müssen vermieden werden (impedanzarme Verlegung).

Die Länge der Anschlussleitungen der Überspannungs-Schutzeinrichtung (SPD) ist definiert als die Gesamtlänge aller Verbindungen zwischen Außenleiter und PE-Leiter zwischen den in Bild 534.8 definierten Anschlusspunkten A und B. Es muss darauf geachtet werden, dass die Gesamtlänge aller Leitungen zwischen den Anschlusspunkten der SPD-Kombination einen Wert von 0,5 m nicht überschreitet."

Hinweis

In den Bildern 5.6 und 5.7 wurde keine der in Abschnitt 534.4.8 beschriebenen Varianten bei Überschreitung der Anschlussleiterlänge von mehr als 0,5 m umgesetzt.

Zusätzlich wurden in Bild 5.7 auch die verbindlichen normativen Vorgaben zur Kennzeichnung des Neutralleiters und des Schutzleiters nicht umgesetzt.

Für Bild 5.7 gilt zudem: Die Verbindung des SPD Typ 1 zur Erdungsanlage ist über die Verbindung der Schutzleiterschiene zur Erdungsanlage und der Schutzleiter-Schiene zum SPD Typ 1 gegeben.

Normativer Bewertungsansatz des in Bild 5.8 gezeigten Praxisfalles

DIN VDE 0100-534 VDE 0100-534:2016-10, Bild A8 und
DIN EN 62305-3 VDE 0185-305-3:2011-10, Abschnitte 6.2.2–6.2.5

Auszug aus Abschnitt 6.2.5:

„Der Blitzschutz-Potentialausgleich für elektrische Leitungen und Telekommunikationsleitungen muss nach 6.2.3 ausgeführt sein. Alle Leiter jeder Leitung müssen direkt oder über eine SPD mit dem Potentialausgleich verbunden werden. Aktive Leiter dürfen nur über eine SPD mit der Potentialausgleichsschiene verbunden werden. In TN-Systemen muss der PE- oder PEN-Leiter direkt oder über ein SPD mit der Potentialausgleichsschiene verbunden werden."

Normativer Bewertungsansat des in Bild 5.9 gezeigten Praxisfalles

DIN EN 62305-3 VDE 0185-305-3:2011-10, Abschnitt 6.2 und
DIN VDE 0100-534 VDE 0100-534:2016-10, Abschnitt 534.4

Auszug aus Abschnitt 534.4.5 (beispielhafter Auszug für eine der wesentlichsten Abweichungen):

„Allgemein gilt, dass errichtete Überspannungs-Schutz Kurzschlussströme geschützt werden müssen. Dieser Überstroms des Herstellers, intern und/oder extern zur Überspannungs-Schutzeinrichtung (SPD) angeordnet sein.

Die Bemessungswerte und die Kenndaten von externen Überstrom-Schutzeinrichtungen zum Schutz von SPD-Kombinationen müssen wie folgt ausgewählt werden:

- *nach DIN VDE 0100-430 (VDE 0100-430), Abschnitt 434; und*
- *so hoch als möglich, um eine möglichst hohe Stoßstromfestigkeit der gesamten SPD-Kombination zu erreichen.*

Es dürfen jedoch die Bemessungswerte und Kenndaten, die der Hersteller für den Überstrom-Schutz vorgibt, nicht überschritten werden."

Normativer Bewertungsansatz des in Bild 5.10 gezeigten Praxisfalles

Es wurde hauptsächlich im unteren Bereich keine räumlich Trennung zwischen dem Blitzstrom führenden Leiter und anderen Leitern bzw. Systemen (Informationstechnik und den Steuerleitungen) eingehalten, sodass ein Überkoppeln der vom DC-Ableiter Typ 1/2 abgeleiteten Energie in andere Leiter oder Systeme und deren Überlastung oder Ausfall vorprogrammiert ist.

Die in **DIN VDE 0100-520 VDE 0100-520:2013-06** und **DIN EN 50174-2 VDE 0800-174-2:2015-02** geforderte Trennung von Systemen unterschiedlicher Spannungsbereiche (jedes Leitungssystem in einem Kabel bzw. Leitungsführungssystem muss für die höchst vorkommende Spannung isoliert sein) und die Trennung zur Vermeidung von EMV-Störungen nach **DIN EN 50174-2 VDE 0800-174-2:2015-02** wurden ausdrücklich nicht eingehalten.

5.3 Erdeinführung

Bild 5.11 zeigt eine nicht nach DIN 18014:2014-03 fachgerecht ausgeführte Erdeinführung aus feuerverzinktem Material.

Hinweis
Der im Bild gezeigte Sachverhalt ist auf alle Installationen (Erdungsanlagen), bei der die DIN 18014 anwendbar ist, übertragbar.

Bild 5.11

Normativer Bewertungsansatz

DIN 18014:2014-03, Abschnitt 6.3:

„Anschlussfahnen und Anschlussplatten sind aus dauerhaft korrosionsbeständigen Materialien auszuführen.

Anschlussfahnen sind aus

- *Rundstahl mit mindestens 10 mm Durchmesser, oder*
- *Bandstahl mit den Maßen von mindestens 30 mm x 3,5 mm,*
- *Kupferkabeln NYY mit einem Mindestquerschnitt von 50 mm^2, Kupferseilen (blank oder verzinnt), mehrdrähtig, mit einem Mindestquerschnitt von 50 mm^2*

herzustellen.

Rund- und Bandstähle müssen dauerhaft korrosionsbeständig sein, z. B. nichtrostender Stahl mit der Zusammensetzung Chrom >16 %, Nickel >5 %, Molybdän >2 %, Kohlenstoff <0,08 %, zum Beispiel Werkstoffnummer 1.4571.

Feuerverzinktes Material ist nicht zulässig.“

5.4 Trennungsabstand und Schutzbereich

Bild 5.12 zeigt eine nicht fachgerecht ausgeführte Installation bzw. Anordnung der Kombination aus Helligkeits- und Windfühlern

Die Kombination von Helligkeits- und Windfühlern ist in einem Gebäude mit äußerem Blitzschutz nicht im Schutzbereich von Fangeinrichtungen angeordnet, zusätzlich ist der notwendige Trennungsabstand zur metallischen Blechverkleidung, die in den äußeren Blitzschutz einbezogen wurde, nicht eingehalten.

Hinweis
Der im Bild gezeigte Sachverhalt ist auf alle Installationen (Energieanlagen und Informationstechnik) übertragbar.

Bild 5.12

Normativer Bewertungsansatz

1. DIN EN 62305-3 VDE 0185-305-3:2011-10, Abschnitt 5.1.1:

„Das äußere Blitzschutzsystem ist dazu vorgesehen, direkte Blitzeinschläge, einschließlich seitlicher Einschläge in die bauliche Anlage, einzufangen und den Blitzstrom vom Einschlagpunkt zur Erde abzuleiten. Weiterhin dient es dazu, diesen Strom in der Erde zu verteilen, ohne thermische oder mechanische Schäden oder gefährliche Funkenbildung zu verursachen, die Brand oder Explosionen auslösen können."

2. DIN EN 62305-1 VDE 0185-305-1:2011-10, Abschnitt 7.3:

„Der Schutz wird erreicht durch ein Blitzschutzsystem (LPS) mit den Bestandteilen

- ***Fangeinrichtung,***
- *Ableitungseinrichtung,*
- *Erdungsanlage,*
- *Blitzschutz-Potentialausgleich (EB),*
- ***elektrische Isolierung gegen den äußeren Blitzschutz (und damit Einhaltung des Trennungsabstands)"***

Hinweis
Ohne die Einhaltung der Anforderungen der Abschnitte 5.1.1 und 7.3 nach DIN VDE 0185-305-3 Ausgabe 2011-10 sind schwere Schäden an der elektrischen oder informationstechnischen Anlage oder an Gefahrenmeldeanlagen in der Praxis nicht zu verhindern.

5.5 Einkopplung von Blitzströmen

Bild 5.13 zeigt eine nicht fachgerecht ausgeführte Anbindung der Blitzschutzanlage an ein in das Gebäudeinnere verlaufendes leitfähiges Teil.

Hinweis
Der im Bild gezeigte Sachverhalt ist auf alle Installationen (Energieanlagen) übertragbar.

Bild 5.13

Normativer Bewertungsansatz

DIN EN 62305-3 VDE 0185-305-3:2011-10, Abschnitt 6.1 (beispielhaft):

„Das innere LPS muss eine gefährliche Funkenbildung innerhalb der zu schützenden baulichen Anlage verhindern, die durch den Blitzstrom im äußeren LPS oder in anderen leitenden Teilen der baulichen Anlage verursacht werden kann.

Gefährliche Funkbildung kann auftreten zwischen dem äußeren LPS und anderen Bauteilen wie:
- *der metallenen Installation;*
- *den inneren Systemen;*
- *den in die bauliche Anlage eingeführten äußeren leitenden Teilen, Kabeln und Leitungen."*

Hinweis
Ohne Einhaltung der Anforderungen nach Abschnitt 6.1 der DIN VDE 0185-305-3 Ausgabe 2011-10 sind schwere Schäden an der metallischen Installation und der elektrischen oder informationstechnischen Anlage oder an Gefahrenmeldeanlagen in der Praxis nicht zu verhindern.

5.6 Mangelhafter Blitzschutzpotentialausgleich

Bild 5.14 zeigt einen nicht fachgerecht ausgeführten Blitzschutzpotentialausgleich bei Rohrleitungen, die von außerhalb in das Gebäude eingeführt wurden.

Hinweis
Der im Bild gezeigte Sachverhalt ist auf alle Installationen (Energieanlagen) übertragbar.

Bild 5.14

Bild 5.15 zeigt eine nicht fachgerecht ausgeführte Installation bzw. Anordnung der SAT-Empfangsanlage.

Die SAT-Empfangsanlage ist in einem Gebäude mit äußerem Blitzschutz nicht im Schutzbereich von Fangeinrichtungen angeordnet, zusätzlich ist der notwendige Trennungsabstand zur metallischen Dachkonstruktion, die in den äußeren Blitzschutz einbezogen wurde, nicht eingehalten.

Hinweis
Der im Bild gezeigte Sachverhalt ist auf alle Installationen (Energieanlagen und Informationstechnik) übertragbar.

Bild 5.15

Normativer Bewertungsansatz des in Bild 5.14 gezeigten Praxisfalles

DIN EN 62305-3 VDE 0185-305-3:2011-10, Abschnitt 6.2 (beispielhaft):

„Für äußere leitende Teile muss der Blitzschutz-Potentialausgleich möglichst nahe an der Eintrittsstelle in die zu schützende bauliche Anlage erfolgen.

Potentialausgleichsleitungen müssen dem Teil IF des Blitzstroms standhalten, der durch sie hindurchfließt und nach EN 62305-1:2011, Anhang E, ermittelt wird."

Die deutlich sichtbar nicht angeschlossene Potentialausgleichsleitung entspricht ausdrücklich nicht den Vorgaben der DIN VDE 0185-305-3 Ausgabe 2011-10, Abschnitt 6.2. Zusätzlich sind meiner Meinung nach „fein-drähtige" Leiter für den Blitzschutzpotentialausgleich nicht geeignet.

Normativer Bewertungsansatz des in Bild 5.15 gezeigten Praxisfalles

1. DIN EN 62305-3 VDE 0185-305-3:2011-10, Abschnitt 5.1.1:

„Das äußere Blitzschutzsystem ist dazu vorgesehen, direkte Blitzeinschläge, einschließlich seitlicher Einschläge in die bauliche Anlage, einzufangen und den Blitzstrom vom Einschlagpunkt zur Erde abzuleiten. Weiterhin dient es dazu, diesen Strom in der Erde zu verteilen, ohne thermische oder mechanische Schäden oder gefährliche Funkenbildung zu verursachen, die Brand oder Explosionen auslösen können."

2. DIN EN 62305-1 VDE 0185-305-1:2011-10, Abschnitt 7.3:

„Der Schutz wird erreicht durch ein Blitzschutzsystem (LPS) mit den Bestandteilen

- ***Fangeinrichtung,***
- *Ableitungseinrichtung,*
- *Erdungsanlage,*
- *Blitzschutz-Potentialausgleich (EB),*
- ***elektrische Isolierung gegen den äußeren Blitzschutz (und damit Einhaltung des Trennungsabstands)"***

Hinweis

Ohne Einhaltung der Anforderungen nach den Abschnitten 5.1.1 und 7.3 der DIN EN 62305-3 VDE 0185-305-3:2011-10 sind schwere Schäden an der elektrischen oder informationstechnischen Anlage oder an Gefahrenmeldeanlagen in der Praxis nicht zu verhindern.

6 Praxisfälle und deren normative und praktische Bewertung im Bereich des Brandschutzes in der Elektrotechnik

In diesem Kapitel werden Praxisfälle aus dem Bereich des Brandschutzes in der Elektrotechnik dargestellt und anhand der im Kapitel 1 aufgezeigten Grundsätze und Bewertungsmaßstäbe kommentiert.

Zielstellung ist es, dem Errichter, Planer oder Prüfer elektrischer Anlagen im Bereich des Brandschutzes in der Elektrotechnik normative Neuerungen, aber auch alt hergebrachte Problemstellungen zu erläutern und ihm Lösungsansätze für die praktische Umsetzung an die Hand zu geben.

Ein besonderes Augenmerk wird dabei auch darauf gelegt, dass der Normenanwender die *„normativen Schutzziele“* nachvollziehen und seine Entscheidungen an diesen ausrichten kann. Dies ist umso wichtiger, da im Zeitalter der international harmonisierten elektrotechnischen Normung die Anwendung der elektrotechnischen Normen für den Praktiker nicht einfacher wird.

Folgende DIN-VDE-Normen werden in ihrer gültigen Fassung Stand 2018 kommentiert und als Maßstab für die Bewertung der einzelnen Praxisfälle herangezogen. Weiterführende Normen und Vorschriften sind beim jeweiligen Praxisfall noch zusätzlich aufgeführt.

- DIN VDE 0100-420
- DIN VDE 0100-430
- DIN VDE 0100-520
- DIN VDE 0100-540
- DIN VDE 0100-718
- LAR 2006 BW (beispielhaft für die Anwendung der LAR des jeweiligen Bundeslandes)
- Normenreihe DIN 4102
- VDS 2033 und VDS 2259

Hinweis

In den folgenden Praxisfällen liegt der Fokus auf bestimmten Abweichungen von Normen und Herstellervorgaben. Dies soll jedoch keine allumfassende Bewertung des jeweiligen Falles darstellen. Eventuelle weitere erkennbare Abweichungen sollen nicht bewertet werden.

6.1 Mangelhafte Brandabschottungen

Bild 6.1 zeigt eine nicht fachgerecht ausgeführte bzw. nachträglich nicht wieder verschlossene Brandabschottung.

Hinweis
Der im Bild gezeigte Sachverhalt ist auf alle Systeme mit Brandschutzanforderungen übertragbar.

Bild 6.1

Bild 6.2 zeigt nicht fachgerecht ausgeführte bzw. nachträglich nicht wieder verschlossene Durchbrüche zur Führung einzelner Kabel bzw. Leitungen.

Hinweis
Der im Bild gezeigte Sachverhalt ist auf alle Durchbrüche mit Brandschutzanforderungen übertragbar.

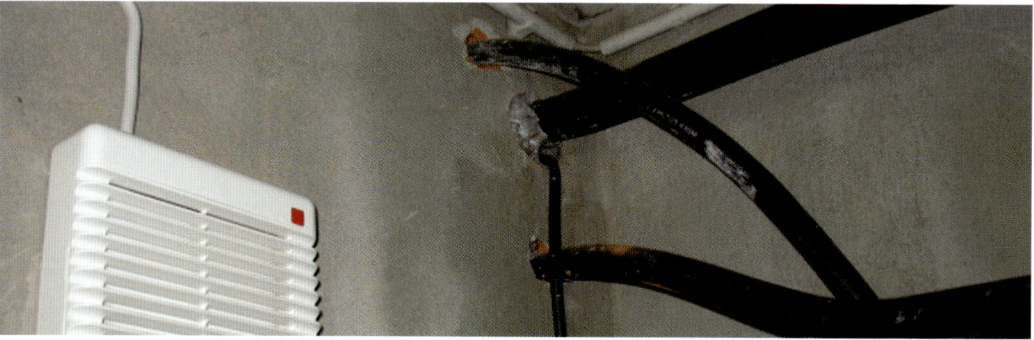

Bild 6.2

Bild 6.3 zeigt nicht fachgerecht ausgeführte bzw. nachträglich nicht wieder verschlossene Durchbrüche zur Führung mehrerer Kabel bzw. Leitungen.

Hier ist die baurechtlich geforderte Rauchdichtigkeit im normalen Betriebszustand (ohne direkte Temperaturbeaufschlagung kommt es zu keinem Aufschäumen der Brandschutzdurchführung) nicht gegeben.

Hinweis
Der im Bild gezeigte Sachverhalt ist auf alle Durchbrüche mit Brandschutzanforderungen übertragbar.

Bild 6.3

Bild 6.4 zeigt nicht fachgerecht ausgeführte bzw. nachträglich nicht wieder verschlossene Durchbrüche zur Führung mehrerer Kabel bzw. Leitungen.

Zusätzlich ist die maximale Belegungsdichte von 60% der Öffnungsfläche in diesem Fall nicht eingehalten worden und des Weiteren ist die Brandabschottung durch Feuchtigkeitsbeaufschlagung (erkennbar an der braunen Verfärbung) nicht mehr voll wirksam.

Hinweis
Der im Bild gezeigte Sachverhalt ist auf alle Wand- oder Deckendurchführungen mit Brandschutzanforderungen übertragbar.

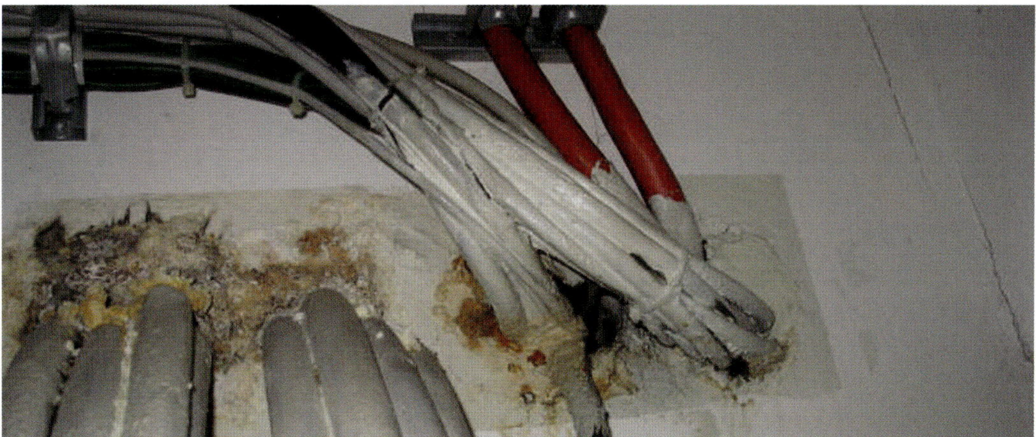

Bild 6.4

Bild 6.5 zeigt nicht fachgerecht ausgeführte bzw. nachträglich nicht wieder verschlossene Durchbrüche zur Führung mehrerer Kabel bzw. Leitungen in einer auf der Dachfläche fortgesetzten Brandwand.

Hinweis
Der im Bild gezeigte Sachverhalt ist auf alle Wand- oder Deckendurchführungen mit Brandschutzanforderungen übertragbar.

Bild 6.5

Bild 6.6 zeigt nicht fachgerecht ausgeführte bzw. nachträglich nicht wieder verschlossene Durchbrüche zur Führung mehrerer Kabel bzw. Leitungen **innerhalb** einer elektrischen Schaltanlage.

Hinweis
Der im Bild gezeigte Sachverhalt ist auf alle Wand- oder Deckendurchführungen mit Brandschutzanforderungen übertragbar.

Bild 6.6

Normativer Bewertungsansatz der in den Bildern 6.1 und 6.2 gezeigten Praxisfälle

1. DIN VDE 0100-420 VDE 0100-420:2016-02, Abschnitt 420.1:

„Dieser Teil der Reihe DIN VDE 0100 (VDE 0100) gilt für elektrische Anlagen in Bezug auf Maßnahmen zum Schutz von Personen, Nutztieren und Sachen

- *gegen thermische Einflüsse, Verbrennung oder Zersetzung von Materialien sowie Brandgefahr, ausgehend von elektrischen Betriebsmitteln,*
- *im Brandfall gegen die Verbreitung von Flammen und Rauch von elektrischen Anlagen in benachbarte Brandabschnitte und*
- *gegen die Beeinträchtigung der sicheren Funktion elektrischer Einrichtungen einschließlich der für Sicherheitszwecke.*

***Anmerkung:** Für den Schutz gegen thermische Einflüsse können nationale Gesetze maßgeblich sein."*

2. Zusätzlich ist hier *vorrangig* der Abschnitt 4.1 der LAR 2006 BW anzuwenden.

Hinweis
Es wurde hier beispielhaft die LAR 2006 BW angewendet, explizit gilt immer die LAR des jeweiligen Bundeslandes, in dem die elektrische Anlage errichtet wird.

Normativer BewertungsansatzBewertungsansatz der in den Bildern 6.3 bis 6.6 gezeigten Praxisfälle

1. DIN VDE 0100-420 VDE 0100-420:2016-02, Abschnitt 420.1:

„Dieser Teil der Reihe DIN VDE 0100 (VDE 0100) gilt für elektrische Anlagen in Bezug auf Maßnahmen zum Schutz von Personen, Nutztieren und Sachen

- *im Brandfall gegen die Verbreitung von Flammen und Rauch von elektrischen Anlagen in benachbarte Brandabschnitte [...].“*

2. Zusätzlich ist hier *vorrangig* der Abschnitt 4.1.1 der LAR 2006 BW anzuwenden. Für den Praxisfall 6.6 sind zudem die *Herstellervorgaben der Brandschutzprodukte* heranzuziehen:

„Gemäß § 15 Abs. 1 LBOAVO dürfen Leitungen aller Art durch Brandwände, Wände nach § 8 Abs. 8, Treppenraumwände, Wände notwendiger Flure sowie durch feuerbeständige Wände und Decken nur hindurchgeführt werden, wenn eine Übertragung von Feuer und Rauch nicht zu befürchten ist [...].“

Hinweis
Es wurde hier beispielhaft die LAR 2006 BW angewendet, explizit gilt immer die LAR des jeweiligen Bundeslandes, in dem die elektrische Anlage errichtet wird.

6.2 Mangelhafter Funktionserhalt

Bild 6.7 zeigt einen nicht fachgerecht ausgeführten Funktionserhalt elektrischer Anlagen. Die Ausführung der Kabelrinne entspricht **nicht** den Herstellervorgaben zum Funktionserhalt.

Folgende Abweichungen von den Herstellervorgaben bzw. der LAR 2006 BW zum Funktionserhalt sind in diesem Beispiel gegeben:

- Die Materialstärke der verwendeten Kabelrinne entspricht nicht den Anforderungen an ein Funktionserhalt-System.
- Die Kabelrinne hat keine Zulassung als Funktionserhalt-System.
- Der Schutz gegen „Abkippen“ der Kabelrinne im Fall der Feuereinwirkung nach DIN 4102-12 für Funktionserhalt-Systeme ist nicht gewährleistet
- Die Befestigung an der Bauwerksdecke entspricht nicht der eines Funktionserhalt-Systems (im Bild nicht sichtbar).
- Die Trennung zu Nicht-Funktionserhalt-Systemen (auf der Rinne vorhandene Kabel) wurde nicht umgesetzt.

Hinweis
Der im Bild gezeigte Sachverhalt ist auf alle Installationen (Energieanlagen) übertragbar.

Bild 6.7

Bild 6.8 zeigt einen nicht fachgerecht ausgeführten Funktionserhalt elektrischer Anlagen. Die Ausführung der Kabelrinne entspricht **nicht** den Herstellervorgaben zum Funktionserhalt.

Folgende Abweichungen von den Herstellervorgaben bzw. der LAR 2006 BW zum Funktionserhalt sind in diesem Beispiel gegeben:

- Die Vorgaben des Herstellers zur Unterputzverlegung (Befestigung) bzw. Putzüberdeckung von Leitungen zum Funktionserhalt wurden hier nicht eingehalten.
- Die Trennung zur **Gefahren-Meldeanlagen (BMA)** wurde nicht umgesetzt. [Die verwendete Leitung zur Installation der Gefahren-Meldeanlage (BMA) ist nicht für die im Verlege-System (Deckenschlitz) vorkommende höchste Spannung bemessen].

Hinweis

Der im Bild gezeigte Sachverhalt ist auf alle Installationen (Energieanlagen) übertragbar.

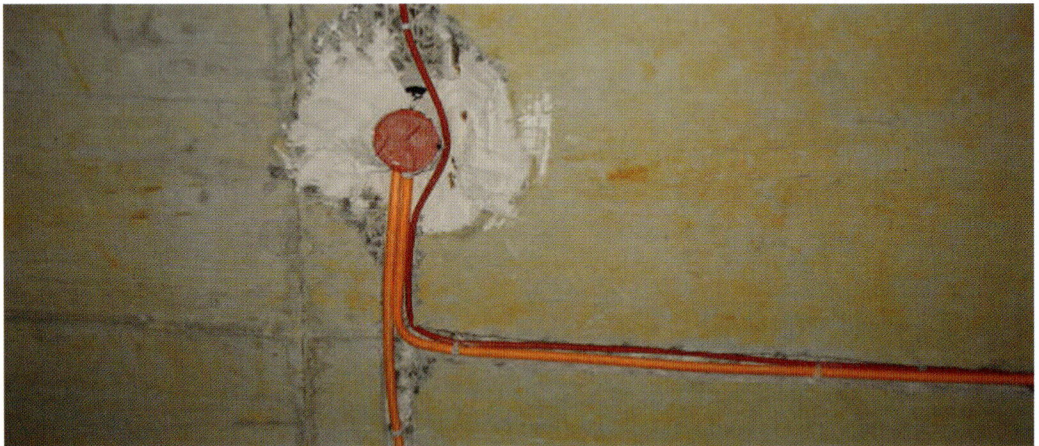

Bild 6.8

Bild 6.9 zeigt einen nicht fachgerecht ausgeführten Funktionserhalt elektrischer Anlagen. Die Ausführung der Kabelrinne entspricht **nicht** den normativen und Herstellervorgaben zum Funktionserhalt.

Folgende Abweichungen von den Herstellervorgaben bzw. der LAR 2006 BW zum Funktionserhalt sind in diesem Beispiel gegeben:

- Die Vorgaben des Herstellers zur Leitungsverlegung (Befestigung) von Leitungen zum Funktionserhalt wurden **nicht** eingehalten.
- Die oberhalb des Funktionserhalt-Systems montierten Kabel, Leitungen und Verlege-Systeme können bei Temperatureinwirkung nach DIN 4102-12 auf das Funktionserhalt-System herabfallen und dieses in seiner Funktion negativ beeinflussen.

Hinweis
Der im Bild gezeigte Sachverhalt ist auf alle Installationen (Energieanlagen) übertragbar.

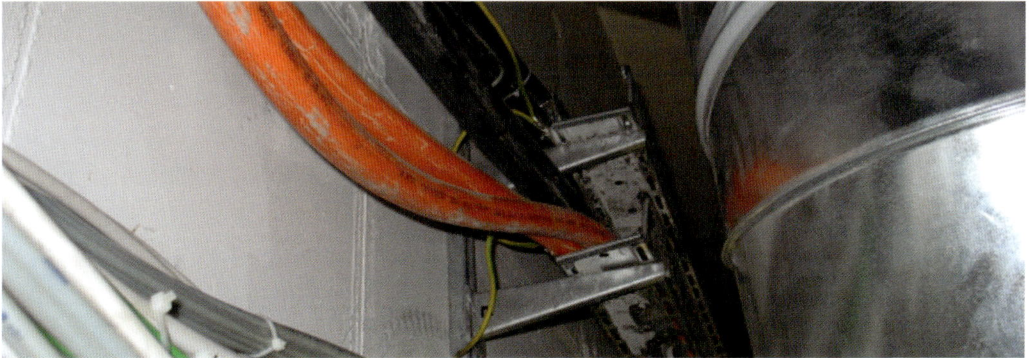

Bild 6.9

Normativer Bewertungsansatzder in den Bildern 6.7 bis 6.9 gezeigten Praxisfälle

1. Vorrangig sind hier der Abschnitt 5.1.1 der LAR 2006 BW und die Herstellervorgaben der Funktionserhalt-Systeme anzuwenden.

Auszug aus der LAR 2006 BW, Abschnitt 5.1.1:

„Die elektrischen Leitungsanlagen für bauordnungsrechtlich vorgeschriebene sicherheitstechnische Anlagen und Einrichtungen müssen so beschaffen oder durch Bauteile abgetrennt sein, dass die sicherheitstechnischen Anlagen und Einrichtungen im Brandfall ausreichend lang funktionsfähig bleiben.

Dieser Funktionserhalt muss bei möglicher Wechselwirkung mit anderen Anlagen, Einrichtungen oder deren Teilen gewährleistet bleiben."

2. Bei Praxisfall 6.8 kann zudem DIN VDE 0100-520 VDE 0100-520:2013-06, Abschnitt 528.1 herangezogen werden:

„Stromkreise mit Spannungen der Spannungsbereiche I und II nach IEC 60449 (IEC 60449:1973 + A1:1979 ist übernommen in CENELEC HD 193 S2:1982) dürfen nicht in derselben Kabel- und Leitungsanlage verlegt sein, es sei denn, eine der folgenden Maßnahmen wird angewendet:

– Jedes Kabel oder jede Leitung ist entsprechend der höchsten vorkommenden Spannung isoliert […]."

6.3 Ladestation für Flurförderfahrzeuge

Bild 6.10 zeigt eine nicht fachgerecht und nach Herstellervorgaben umgesetzte Ladestation für Flurförderfahrzeuge.

Hinweis
Der im Bild gezeigte Sachverhalt ist vom Grundsatz her auf alle Ladeeinrichtungen übertragbar.

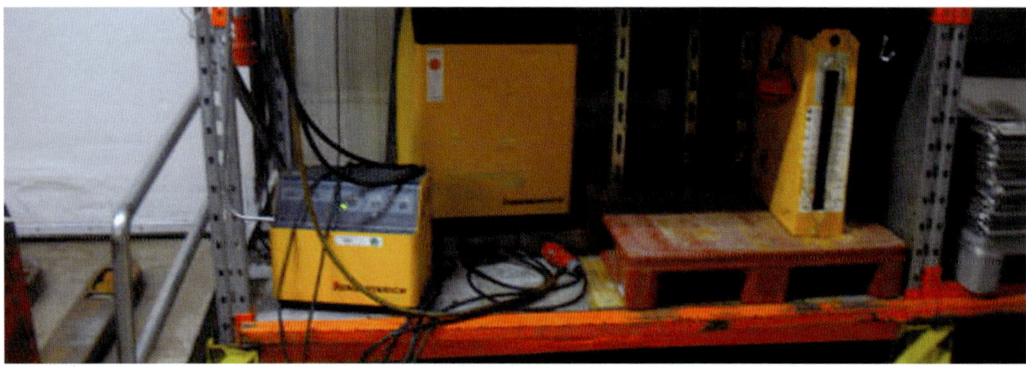

Bild 6.10

Normativer Bewertungsansatz

VdS 2259:2010-12, Abschnitt 4.2 empfiehlt folgende Maßnahmen zur Schadensverhütung:

„– Dauerhafte Markierungen
– Ausschließliches Laden an Ladeplätzen nach VDS 2259
– Abmessungen des Ladeplatzes müssen Abschnitt 4.2.5-6 entsprechen
– Abstand zu brennbaren Bauteilen oder Materialien mindestens 2,5 m
– Abstand zu EX-Bereichen mindestens 5,0 m
– Feuerlöscher sind an geeigneter Stelle vorzuhalten“

6.4 Lagerung leicht entzündlicher Stoffe

Bild 6.11 zeigt eine nicht fachgerecht ausgeführte Lagerung von entzündlichen Stoffen.

GHS-Piktogramm
für entzündbare Stoffe

Hinweis
Der im Bild gezeigte Sachverhalt ist auf alle Lagerstätten (Energieanlagen) übertragbar.

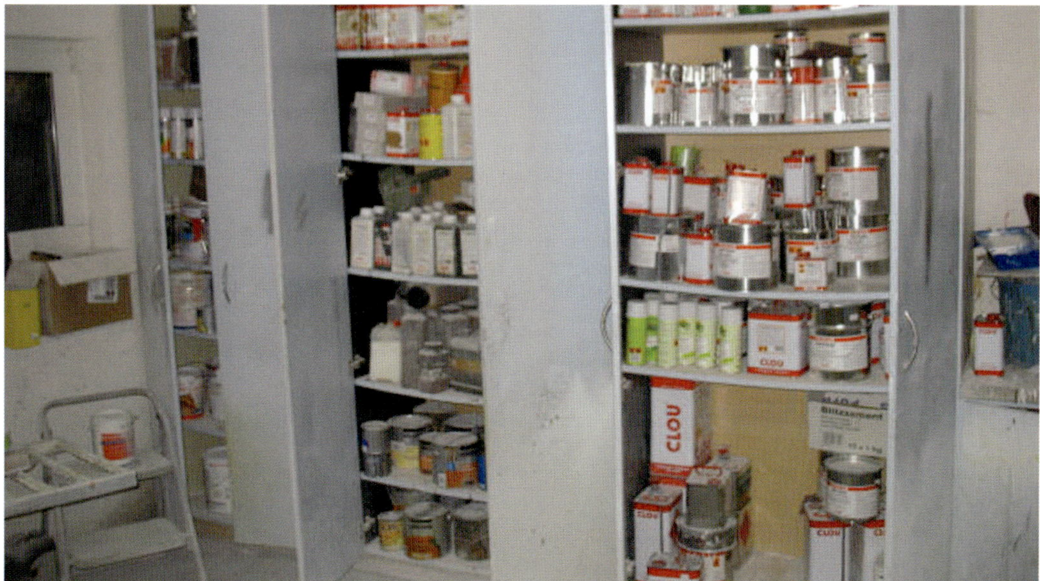

Bild 6.11

Normativer Bewertungsansatz

1. Gefahrstoffverordnung Ausgabe 2017-04

Teilweiser Auszug aus § 6:

„Im Rahmen einer Gefährdungsbeurteilung als Bestandteil der Beurteilung der Arbeitsbedingungen nach § 5 des Arbeitsschutzgesetzes hat der Arbeitgeber festzustellen, ob die Beschäftigten Tätigkeiten mit Gefahrstoffen ausüben oder ob bei Tätigkeiten Gefahrstoffe entstehen oder freigesetzt werden können."

2. DIN VDE 0100-420 VDE 0100-420:2016-02, Abschnitt 422.3:

„Besondere Brandrisiken (feuergefährdete Betriebsstätten) sind z. B. solche, bei denen das Brandrisiko durch die Art der verarbeiteten oder gelagerten Materialien, Verarbeitung oder Lagerung von brennbaren Materialien einschließlich der Ansammlung von Staub, wie in Scheunen, holzverarbeitenden Betrieben, Papier- und Textilfabriken oder Ähnlichem, verursacht wird. Die Einstufung in feuergefährdete Betriebsstätten liegt in der Verantwortung des Betreibers/Nutzers der elektrischen Anlage, falls notwendig unter Beachtung des Baurechts und der Unfallverhütungsvorschrift DGUV, Vorschrift 1 der Unfallversicherungsträger/Verordnung über Arbeitsstätten."

6.5 Mangelhafte IP-Schutzart

Bild 6.12 zeigt eine nicht fachgerecht ausgeführte Installation der Steckdose, bei der die IP-Schutzart der markierten Steckdose nicht den Anforderungen einer feuergefährdeten Betriebstätte entspricht.

Hinweis

Der im Bild gezeigte Sachverhalt ist auf alle Installationen (Energieanlagen) übertragbar.

Bild 6.12

Bild 6.13 zeigt eine nicht fachgerecht ausgeführte Installation (Leitungseinführung über Steckverbinder), bei der **unter anderem** die IP-Schutzart des Verteilers (PV-Strang Verteiler) unzulässig herabgesetzt wurde.

Hinweis
Der im Bild gezeigte Sachverhalt ist auf alle Installationen (Energieanlagen) übertragbar.

Bild 6.13

Bild 6.14 zeigt eine nicht fachgerecht ausgeführte Installation der Leuchte, bei der die IP-Schutzart der vorhandenen Hallenbeleuchtung nicht den Anforderungen einer feuergefährdeten Betriebstätte entspricht.

Hinweis
Der im Bild gezeigte Sachverhalt ist auf alle Installationen (Energieanlagen) übertragbar.

Bild 6.14

Normativer Bewertungsansatz der in den Bildern 6.12 und 6.13 gezeigten Praxisfälle

1. DIN VDE 0100-420 VDE 0100-420:2016-02, Abschnitt 422.3.3:

„Schaltgeräte für Schutz, Steuerung und Trennen müssen außerhalb feuergefährdeter Betriebsstätten angeordnet werden, es sei denn, sie befinden sich in einer Umhüllung mit einer für einen solchen Ort geeigneten Schutzart von mindestens IP4X oder im Falle von Staubablagerungen von IP5X oder im Falle von Ablagerungen leitfähigen Staubes von IP6X."

2. VdS 2033:2007-09, Abschnitt 4.8

(nur verpflichtend, wenn im Versicherungsvertrag vereinbart)

Für Praxisfall 6.13 ist zudem nach den einschlägigen Normen, Vorschriften und Herstellervorgaben zu prüfen, ob die Montage der PV-Komponenten in einer feuergefährdeten Betriebsstätte überhaupt zulässig ist.

Normativer Bewertungsansatz des in Bild 6.14 gezeigten Praxisfalls

1. DIN VDE 0100-420 VDE 0100-420:2016-02, Abschnitt 422.3.1:

„Leuchten, die nach DIN EN 60598-1 (VDE 0711-1) mit D (im Dreieck) gekennzeichnet sind, sind für die Montage auf normal entflammbaren Oberflächen geeignet. Für Leuchten, die mit dem Zeichen gekennzeichnet sind, muss der Schutz gegen Ablagerungen von Staub sowie anderen Stoffen auch im Innern der Leuchten vorhanden sein. Dies ist sichergestellt, wenn die Leuchten in Strahlungsrichtung mit einer Schutzscheibe oder Wanne mit Schutzgrad von mindestens IP5X abgedeckt sind."

2. VdS 2033:2007-09, Abschnitt 4.6

(nur verpflichtend, wenn im Versicherungsvertrag vereinbart)

6.6 Explosionsgefährdeter Bereich

Bild 6.15 zeigt die Abfüllung und Lagerung von entzündbaren Flüssigkeiten im explosionsgefährdeten Bereich. Es lassen sich 3 Kategorien unterscheiden:

- Kategorie 1: Flammpunkt < 23 °C und Siedepunkt ≤ 35 °C (Flam. Liq. 1)
- Kategorie 2: Flammpunkt < 23 °C und Siedepunkt > 35 °C (Flam. Liq. 2)
- Kategorie 3: Flammpunkt ≥ 23 °C und Siedepunkt ≤ 60 °C (Flam. Liq. 3)

Piktogramm Flamme nach GHS

Hinweis
Der im Bild gezeigte Sachverhalt ist auf alle Installationen (Energieanlagen) übertragbar.

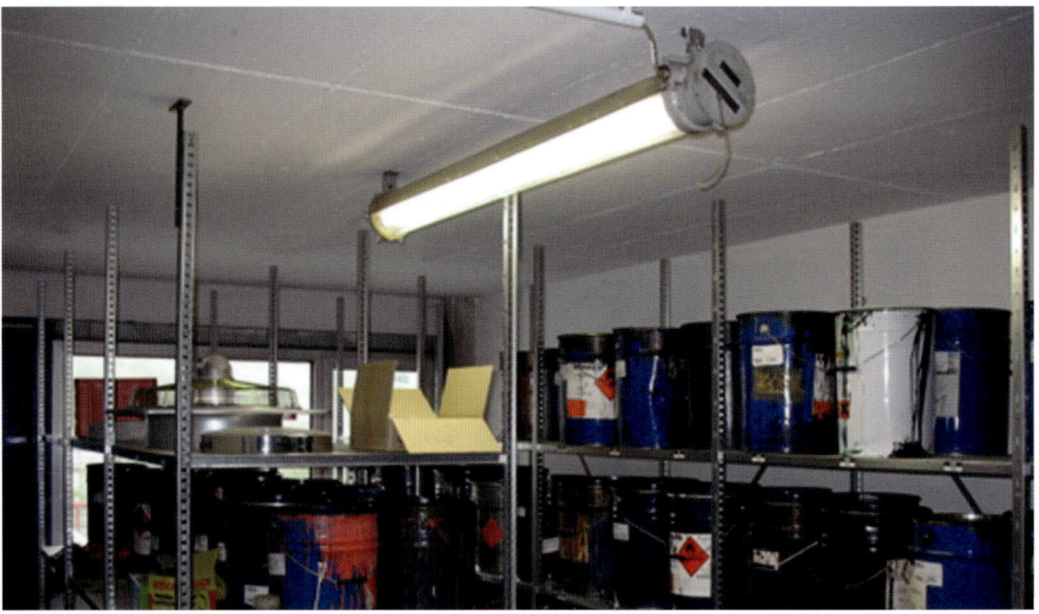

Bild 6.15

Normativer Bewertungsansatz

1. Gefahrstoffverordnung Ausgabe 2017-04
Teilweiser Auszug aus § 6

„Im Rahmen einer Gefährdungsbeurteilung als Bestandteil der Beurteilung der Arbeitsbedingungen nach § 5 des Arbeitsschutzgesetzes hat der Arbeitgeber festzustellen, ob die Beschäftigten Tätigkeiten mit Gefahrstoffen ausüben oder ob bei Tätigkeiten Gefahrstoffe entstehen oder freigesetzt werden können.“

2. DIN VDE 0100-420 VDE 0100-420:2016-02, Abschnitt 422.3:

„Besondere Brandrisiken (feuergefährdete Betriebsstätten) sind z.B. solche, bei denen das Brandrisiko durch die Art der verarbeiteten oder gelagerten Materialien, Verarbeitung oder Lagerung von brennbaren Materialien einschließlich der Ansammlung von Staub, wie in Scheunen, holzverarbeitenden Betrieben, Papier- und Textilfabriken oder Ähnlichem, verursacht wird. Die Einstufung in feuergefährdete Betriebsstätten liegt in der Verantwortung des Betreibers/Nutzers der elektrischen Anlage, falls notwendig unter Beachtung des Baurechts und der Unfallverhütungsvorschrift DGUV, Vorschrift 1 der Unfallversicherungsträger/Verordnung über Arbeitsstätten."

Für Explosionsgefahren siehe
DIN EN 60079-14 VDE 0165-1:2014-10.

7 Praxisfälle und deren normative und praktische Bewertung im Bereich der Errichtung von Photovoltaikanlagen

In diesem Kapitel werden Praxisfälle aus dem Bereich der Errichtung von Photovoltaikanlagen dargestellt und anhand der im Kapitel 1 aufgezeigten Grundsätze und Bewertungsmaßstäbe kommentiert.

Zielstellung ist es, dem Errichter, Planer oder Prüfer elektrischer Anlagen im Bereich der Errichtung von Photovoltaikanlagen normative Neuerungen, aber auch alt hergebrachte Problemstellungen zu erläutern und ihm Lösungsansätze für die praktische Umsetzung an die Hand zu geben.

Ein besonderes Augenmerk wird dabei auch darauf gelegt, dass der Normenanwender die *„normativen Schutzziele“* nachvollziehen und seine Entscheidungen an diesen ausrichten kann. Dies ist umso wichtiger, da im Zeitalter der international harmonisierten elektrotechnischen Normung die Anwendung der elektrotechnischen Normen für den Praktiker nicht einfacher wird.

Folgende DIN-VDE-Normen werden in ihrer gültigen Fassung Stand 2018 kommentiert und als Maßstab für die Bewertung der einzelnen Praxisfälle herangezogen. Weiterführende Normen und Vorschriften sind beim jeweiligen Praxisfall noch zusätzlich aufgeführt.

- DIN VDE 0100-410
- DIN VDE 0100-430
- DIN VDE 0100-520
- DIN VDE 0100-540
- DIN VDE 0100-712
- LAR 2006 BW (beispielhaft für die Anwendung der LAR des jeweiligen Bundeslandes)
- Normenreihe DIN VDE 0126
- VDS 3145

Hinweis
In den folgenden Praxisfällen liegt der Fokus auf bestimmten Abweichungen von Normen und Herstellervorgaben. Dies soll jedoch keine allumfassende Bewertung des jeweiligen Falles darstellen. Eventuelle weitere erkennbare Abweichungen sollen nicht bewertet werden.

7.1 Mangelhafte Montage des Wechselrichters

Bild 7.1 zeigt eine nicht fachgerecht ausgeführte bzw. nicht den Herstellervorgaben entsprechende Montage von Wechselrichtern einer PV-Anlage auf „brennbaren Baustoffen".

Hinweis
Der im Bild gezeigte Sachverhalt ist auf alle Systeme mit Brandschutzanforderungen übertragbar.

Bild 7.1

Normativer Bewertungsansatz

DIN VDE 0100-712 VDE 0100-712:2016-10, Abschnitt 712.420.101:

„Sicherheit von PV-Systemen

Anmerkung: *Es gelten die anwendbaren nationalen oder örtlichen Anforderungen an den Brandschutz."*

Hinweis
Zusätzlich sind immer, wie schon in den vorangegangenen Abschnitten dieses Buches aufgeführt, die Herstellervorgaben einzuhalten, die in diesem Fall die Montage auf brennbaren Baustoffen bzw. Materialien untersagen.

7.2 Mangelhafte Leitungsverlegung

Die **Bilder 7.2** bis **7.6** zeigen eine nicht fachgerecht ausgeführte Kabel- bzw. Leitungsverlegung.

Bei **Bild 7.7** wurde zusätzlich der notwendige Trennungsabstand zu Teilen des äußeren Blitzschutzes nicht eingehalten (siehe hierzu Kapitel 5 in diesem Buch).

Hinweis
Der in den Bildern gezeigte Sachverhalt ist auf jede Kabel- bzw. Leitungsverlegung im DC-Bereich einer PV-Anlage übertragbar.

Bild 7.2

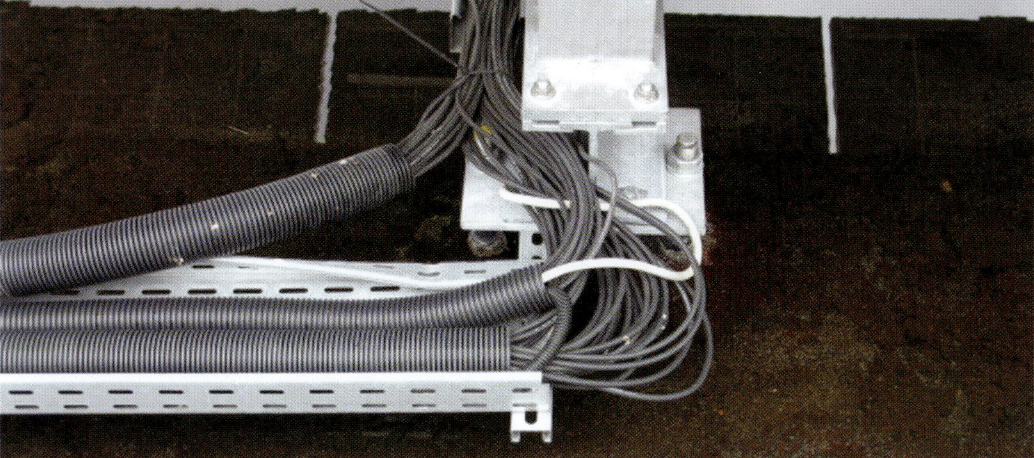

Bild 7.3

Bild 7.4

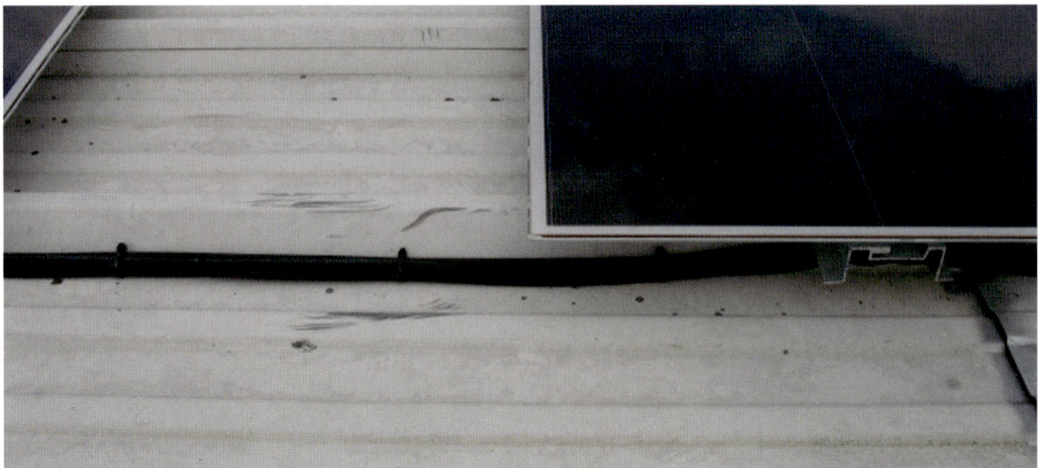

Bild 7.5

Bild 7.6

Bild 7.7

Normativer Bewertungsansatz der in den Bildern 7.2 bis 7.7 gezeigten Praxisfälle

1. DIN VDE 0100-712 VDE 0100-712:2016-10, Abschnitt 712.521.101:

„Kabel und Leitungen auf der Gleichspannungsseite müssen so ausgewählt und verlegt werden, dass das Risiko von Erdschlüssen und Kurzschlüssen möglichst klein ist. Dieses muss erreicht werden durch das Verwenden von:

– Einadrigen Kabeln, mit einem nicht metallischen Mantel, oder
– isolierten (einadrigen) Leitungen, die in einzeln isolierten Installationsrohren oder Kabelkanälen verlegt sind.

Kabel und Leitungen dürfen nicht direkt auf der Dachoberfläche verlegt werden.“

2. DIN EN 62446-1 VDE 0126-23-1:2016-12, Abschnitt 5.2.3

Auszug aus Abschnitt 5.2.3, Punkt c:

„Das Besichtigen der Gleichstrominstallation muss mindestens den Nachweis für Maßnahmen zum Schutz gegen elektrischen Schlag erbringen, wie z. B.:

a) …

c) dass PV-Strangkabel und PV-Arraykabel so ausgewählt und errichtet wurden, dass das Risiko von Erdschlüssen und Kurzschlüssen auf ein Mindestmaß verringert wird. Dies wird üblicherweise mit der Anwendung von Kabeln mit Schutzisolierung und verstärkter Isolierung (häufig bezeichnet als ‚doppelte Isolierung‘) erreicht.“

7.3 Mangelhafte elektrische Verbindung

Bild 7.8 zeigt eine nicht fachgerecht ausgeführte elektrische Verbindung zur Anbindung eines PV-Moduls an die fest installierte DC-Verkabelung.

Hinweis
Der im Bild gezeigte Sachverhalt ist auf alle Installationen (Energieanlagen) übertragbar.

Bild 7.8

Bild 7.9 zeigt eine nicht fachgerecht ausgeführte elektrische Verbindung zur Anbindung des Funktionserdungsleiters an die Unterkonstruktion einer PV-Anlage.

Hinweis
Der im Bild gezeigte Sachverhalt ist auf alle Installationen (Energieanlagen) übertragbar.

Bild 7.9

Bild 7.10 zeigt eine defekte elektrische Verbindung.

Hinweis
Der im Bild gezeigte Sachverhalt ist vom Grundsatz her auf alle elektrischen Verbindungen übertragbar.

Bild 7.10

Normativer Bewertungsansatz des in Bild 7.8 gezeigten Praxisfalls

1. DIN VDE 0100-712 VDE 0100-712:2016-10, Abschnitt 712.526.1:

„Jedes Steckverbindungspaar muss elektrisch und mechanisch kompatibel und für die Umwelteinflüsse geeignet sein. Es wird empfohlen, mit den Herstellern abzuklären, ob die Steckverbinder kompatibel sind."

Hinweis
In diesem Fall hatte der PV-Modulhersteller eindeutig erklärt, dass die an den PV-Modulen vorhandenen Stecker-Einheiten mittels der zugehörigen Stecker-Kupplung zu verwenden sind.

2. DIN EN 62446-1 VDE 0126-23-1:2016-12, Abschnitt 5.2.8

Auszug aus Abschnitt 5.2.8, Punkt g:

„Das Besichtigen der Gleichstrominstallation muss mindestens den Nachweis dafür erbringen, dass:

a) …

g) Steckverbinderpaare aus Stecker und Steckbuchse denselben Typ aufweisen, vom selben Hersteller stammen und den Anforderungen in IEC/TS 62548:2013 entsprechen."

Normativer Bewertungsansatz des in Bild 7.9 gezeigten Praxisfalls

1. DIN VDE 0100-712 VDE 0100-712:2016-10, Abschnitt 712.542.101:

„Wenn ein solcher Potentialausgleich notwendig ist, müssen die Metallkonstruktionen, die die PV-Module einschließlich die metallischen Kabel- und Leitungspritschen stützen, miteinander verbunden werden.

Der Potentialausgleichsleiter muss an eine geeignete Erdungsklemme angeschlossen werden."

2. DIN EN 62446-1 VDE 0126-23-1:2016-12, Abschnitt 5.2.6

Auszug aus Abschnitt 5.2.6, Punkt c:

„Das Besichtigen der Gleichstrominstallation muss mindestens den Nachweis dafür erbringen, dass:

a) …

c) die Potentialausgleichsverbindung des Rahmens des Arrays nach den Anforderungen in IEC/TS 62548:2013 festgelegt und installiert wurde."

Hinweis

Die deutlich sichtbaren Korrosionserscheinungen sind unstrittig als instandsetzungsbedürftig zu klassifizieren.

Normativer Bewertungsansatz des in Bild 7.10 gezeigten Praxisfalls

DIN EN 62446-1 VDE 0126-23-1:2016-12, Abschnitt 5.2.3/5.2.4:

„Das Besichtigen der Gleichstrominstallation muss mindestens den Nachweis für Maßnahmen zum Schutz gegen elektrischen Schlag erbringen, wie z. B. Schutz durch Anwendung der Schutzklasse II oder einer gleichwertigen Isolierung auf der Gleichstromseite, um zu bestimmen, ob die Maßnahmen zum Schutz gegen Wirkungen von Isolationsfehlern einwandfrei festgelegt worden sind."

Hinweis

Die deutlich sichtbare Beschädigung ist unstrittig als instandsetzungsbedürftig zu klassifizieren.

7.4 Trennung der Systeme und nicht fachgerechte Leitungsführung

Bild 7.11 zeigt eine nicht fachgerechte Kabel-/Leitungsinstallation

Hinweis

Bezüglich der Trennung der Systeme siehe Kapitel 4 dieses Buches.

Bild 7.11

Normativer Bewertungsansatz

1. DIN VDE 0100-712 VDE 0100-712:2016-10, Abschnitt 712.521.101:

„Kabel und Leitungen auf der Gleichspannungsseite müssen so ausgewählt und verlegt werden, dass das Risiko von Erdschlüssen und Kurzschlüssen möglichst klein ist.

Dieses muss erreicht werden durch das Verwenden von:

– Einadrigen Kabeln, mit einem nicht metallischen Mantel, oder

– isolierten (einadrigen) Leitungen, die in einzeln isolierten Installationsrohren oder Kabelkanälen verlegt sind."

2. DIN EN 62446-1 VDE 0126-23-1:2016-12, Abschnitt 5.2.3

Auszug aus Abschnitt 5.2.3, Punkt c:

„as Besichtigen der Gleichstrominstallation muss mindestens den Nachweis für Maßnahmen zum Schutz gegen elektrischen Schlag erbringen, wie z. B.:

a) …

c) dass PV-Strangkabel und PV-Arraykabel so ausgewählt und errichtet wurden, dass das Risiko von Erdschlüssen und Kurzschlüssen auf ein Mindestmaß verringert wird. Dies wird üblicherweise mit der Anwendung von Kabeln mit Schutzisolierung und verstärkter Isolierung (häufig bezeichnet als ‚doppelte Isolierung') erreicht."

7.5 Dachverlegung von DC-Leitungen

Bild 7.12 zeigt eine nicht fachgerechte, direkt auf der Dachfläche ausgeführte Leitungsverlegung.

Hinweis

Der im Bild gezeigte Sachverhalt ist auf alle vergleichbaren Installationen (PV-Anlagen) übertragbar.

Bild 7.12

Normativer Bewertungsansatz

1. DIN VDE 0100-712 VDE 0100-712:2016-10, Abschnitt 712.521.101:

„Kabel und Leitungen auf der Gleichspannungsseite müssen so ausgewählt und verlegt werden, dass das Risiko von Erdschlüssen und Kurzschlüssen möglichst klein ist. Dieses muss erreicht werden durch das Verwenden von:

– Einadrigen Kabeln, mit einem nicht metallischen Mantel, oder

– Isolierten (einadrigen) Leitungen, die in einzeln isolierten Installationsrohren oder Kabelkanälen verlegt sind."

Kabel und Leitungen dürfen *nicht* direkt auf der Dachoberfläche verlegt werden.

7.6 Dachverlegung von AC-Kabeln/Leitungen

Bild 7.13 zeigt eine nicht fachgerecht ausgeführte Installation (Kabelführung über Dachfläche), bei der unter anderem der Biegeradius unzulässig herabgesetzt wurde. Zusätzlich ist bei einer Verlegung unter den PV-Modulen von einer Umgebungstemperatur von 70 °C auszugehen, somit ist die maximale Dauertemperatur des hier verwendeten Kabels schon ohne die Stromerwärmung voll ausgeschöpft.

Hinweis

Der im Bild gezeigte Sachverhalt ist auf alle Installationen unterhalb von PV-Modulen übertragbar.

Die zusätzlich in diesem Bild erkennbaren mechanischen Beschädigungen des Kabels sind eine weitere Abweichung von den allgemein anerkannten Regeln der Technik und der handwerklichen Ausführungskunst.

Bild 7.13

Normativer Bewertungsansatz

DIN VDE 0100-712 VDE 0100-712:2016-10, Abschnitt 712.523.101:

„Für die Auslegung von Kabeln, die auf der Unterseite der PV-Module direkter Erwärmung ausgesetzt sind, wird die für ihre Querschnittdimensionierung zu berücksichtigende Umgebungstemperatur mit mindestens 70 °C angenommen.“

7.7 Kennzeichnung für PV-Anlagen

Bild 7.14 zeigt eine nicht fachgerecht ausgeführte Kennzeichnung einer PV-Anlage.

Hinweis

Der im Bild gezeigte Sachverhalt ist auf alle Installationen (PV-Anlagen) übertragbar.

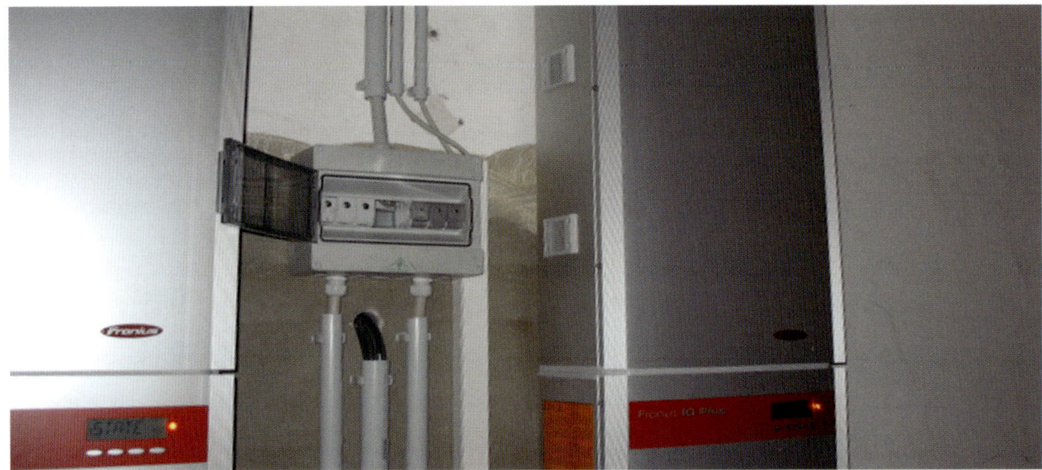

Bild 7.14

Normativer Bewertungsansatz

DIN VDE 0100-712 VDE 0100-712:2016-10, Abschnitt 712.514.101:

„Für die Sicherheit von Personen muss ein Hinweisschild angebracht werden, welches auf das Vorhandensein einer Photovoltaik-Anlage aufmerksam macht (z. B. Wartungs- und Servicepersonal, Prüfer, Betriebspersonal der öffentlichen Stromversorgung, Personal von Not- und Hilfsdiensten).

Ein Hinweisschild, wie im Bild 712.514.101 dargestellt, muss dauerhaft angebracht sein:

– am Speisepunkt der elektrischen Anlage, oder

– am Zählerplatz, oder

– am Stromkreisverteiler, an den die Versorgung vom Wechselrichter angeschlossen ist.“

Hinweisschild nach Bild 712.514.101, DIN VDE 0100-712 VDE 0100-712: 2016-10

7.8 Nicht eingehaltener Trennungsabstand

Die im **Bild 7.15** gezeigte PV-Anlage befindet sich zwar im Schutzbereich von Fangeinrichtungen, allerdings wurde generell der Trennungsabstand zu Teilen des äußeren Blitzschutzes nicht eingehalten.

Hinweis
Der im Bild gezeigte Sachverhalt ist auf alle Installationen (Energieanlagen) übertragbar.

Bild 7.15

Normativer Bewertungsansatz

1. DIN VDE 0100-712 VDE 0100-712:2016-10, Abschnitt 712.534:

„Die Auswahl und Errichtung von Überspannungs-Schutzeinrichtungen (SPDs) in PV-Systemen muss nach DIN EN 62305-3 Beiblatt 5 (VDE 0185-305-3 Beiblatt 5) erfolgen."
Dieser Ansatz gilt selbstverständlich auch für den Schutz vor Blitzeinwirkungen.

2. DIN EN 62305-3 VDE 0185-305-3 Beiblatt 5:2014-02, Abschnitt 5
Auszug aus Abschnitt 5.6.1:

„Abhängig vom Vorhandensein einer äußeren Blitzschutzanlage und der Einhaltung des notwendigen Trennungsabstandes zwischen der äußeren Blitzschutzanlage und den Elementen des PV-Stromversorgungssystems erfolgt die Auswahl der notwendigen SPDs nach Bild 6 und Tabelle 1."

de das elektrohandwerk
MAGAZIN
BUCH
DIGITAL
VERANSTALTUNG
www.elektro.net
Fachbücher, E-Books, Apps, WissensFächer für das Elektrohandwerk und de-Abonnement
Das volle Programm rund um die Uhr online bestellen: www.elektro.net/shop
Einführung in die Elektroinstallation
WissensFächer
Brandschutz für Kabel und Leitungen
Ihre Bestellmöglichkeiten auf einen Blick:
Fax: +49 (0) 6221 489-443
E-Mail: buchservice@huethig.de
www.elektro.net/shop
Hier Ihr Fachbuch direkt online bestellen!
Gleich im Buch-Shop bestellen:
elektro.net/shop
de das elektrohandwerk
www.elektro.net
Hüthig GmbH,
Im Weiher 10,
D-69121 Heidelberg,
Tel.: +49 (0) 800 2183-333

8 Praxisfälle und deren normative und praktische Bewertung im Bereich der Errichtung von Not- und Sicherheitsbeleuchtungsanlagen

In diesem Kapitel werden Praxisfälle aus dem Bereich der Errichtung von Not- und Sicherheitsbeleuchtungsanlagen dargestellt und anhand der im Kapitel 1 aufgezeigten Grundsätze und Bewertungsmaßstäbe kommentiert.

Zielstellung ist es, dem Errichter, Planer oder Prüfer elektrischer Anlagen im Bereich von Not- und Sicherheitsbeleuchtungsanlagen normative Neuerungen, aber auch alt hergebrachte Problemstellungen zu erläutern und ihm Lösungsansätze für die praktische Umsetzung an die Hand zu geben.

Ein besonderes Augenmerk wird dabei auch darauf gelegt, dass der Normenanwender die *„normativen Schutzziele"* nachvollziehen und seine Entscheidungen an diesen ausrichten kann. Dies ist umso wichtiger, da im Zeitalter der international harmonisierten elektrotechnischen Normung die Anwendung der elektrotechnischen Normen für den Praktiker nicht einfacher wird.

Folgende DIN-VDE-Normen werden in ihrer gültigen Fassung Stand 2018 kommentiert und als Maßstab für die Bewertung der einzelnen Praxisfälle herangezogen. Weiterführende Normen und Vorschriften sind beim jeweiligen Praxisfall noch zusätzlich aufgeführt.

- DIN VDE 0100-460
- DIN VDE 0100-560
- DIN VDE 0100-718
- Normenreihe VDE 0108-100
- LAR 2006 BW und EltVO (beispielhaft für die Anwendung der baurechtlichen Vorgaben des jeweiligen Bundeslandes)
- Normenreihe DIN 1838

Hinweis

In den folgenden Praxisfällen liegt der Fokus auf bestimmten Abweichungen von Normen und Herstellervorgaben. Dies soll jedoch keine allumfassende Bewertung des jeweiligen Falles darstellen. Eventuelle weitere erkennbare Abweichungen sollen nicht bewertet werden.

8.1 Defektes Fluchtwegpiktogramm

Bild 8.1 zeigt eine nicht fachgerecht ausgeführte bzw. nicht den normativen Vorgaben entsprechende Montage von zwei Fluchtwegpiktogrammen.

Beide Fluchtwegpiktogramme sind so angeordnet, dass ein Flüchten aufgrund der Regaleinheiten nicht möglich ist. Zusätzlich ist das linke der beiden Fluchtwegpiktogramme nicht in Funktion.

Hinweis
Dieser Sachverhalt ist auf alle Systeme im Bereich der Not- und Sicherheitsbeleuchtung übertragbar.

Bild 8.1

Normativer Bewertungsansatz

1. DIN EN 1838:2013-10, Abschnitt 4.1.1:

„Um die notwendige Sichtbarkeit für Evakuierungsmaßnahmen zu erreichen, ist eine räumliche Ausleuchtung erforderlich. Zeichen, die an allen Notausgängen und Ausgängen entlang des Rettungsweges vorzusehen sind, müssen beleuchtet/hinterleuchtet sein, um den Rettungsweg zu einem sicheren Bereich eindeutig anzuzeigen. In dieser Norm ist diese Anforderung erfüllt, wenn die Leuchten für die Ausleuchtung und für die Sicherheitszeichen mindestens 2 m über dem Boden installiert sind."

2. DIN EN 50172 VDE 0108-100:2005-01, Abschnitt 4.2:

„Wenn ein Ausgang nicht unmittelbar gesehen werden kann oder über seine Lage Zweifel bestehen, muss ein Richtungszeichen (oder eine Folge von Rettungszeichen) vorgesehen und so angebracht werden, dass eine Person sicher zu einem Notausgang geleitet wird. Ein Rettungszeichen oder eine Richtungsangabe muss von allen Punkten entlang des Rettungswegs sichtbar sein."

8.2 Mangelhafte Leitungsverlegung

Bild 8.2 zeigt eine nicht fachgerecht ausgeführte Kabel- bzw. Leitungsverlegung. Unter anderem wurden für den Fluchtweg (notwendiger Treppenraum) Kabel und Leitungen der Not- und Sicherheitsbeleuchtung in brennbaren Leitungsführungskanälen verlegt.

Hinweis
Dieser Sachverhalt ist auf alle Ansätze der Kabel- bzw. Leitungsverlegung im notwendigen Treppenraum übertragbar.

Bild 8.2

Bild 8.3 zeigt eine nicht fachgerecht ausgeführte Kabel- bzw. Leitungsverlegung. Vor dem eigentlichen Brandabschnitt (oberhalb der im Bild sichtbaren Brandabschottung) wurde die Verlegung in „Funktionserhalt" beendet.

Hinweis
Dieser Sachverhalt ist auf alle Ansätze der Kabel- bzw. Leitungsverlegung mit Funktionserhalt übertragbar.

Zusätzlich wurde hier auch eine nicht den Herstellervorgaben entsprechende Installation des Funktionserhalt-Systems vorgenommen.

Bild 8.3

Normativer Bewertungsansatz des in Bild 8.2 gezeigten Praxisfalls

LAR 2006 BW, Abschnitt 3.2.1:

„Elektrische Leitungen [...] dürfen offen verlegt werden, wenn sie

a) nicht brennbar sind [z.B. Leitungen nach DIN EN 60702-1 (VDE 0284 Teil 1)]

b) ausschließlich der Versorgung der Räume und Flure nach Abschnitt 3.1.1 dienen oder

c) Leitungen mit verbessertem Brandverhalten sind in notwendigen Fluren von Gebäuden geringer Höhe, deren Nutzungseinheiten eine Fläche von jeweils 200m nicht überschreiten, und die keine baulichen Anlagen und Räume besonderer Art oder Nutzung sind. Außerdem dürfen in notwendigen Fluren einzelne kurze Stichleitungen offen verlegt werden.

Werden für die offene Verlegung nach Satz 2 Elektro-Installationskanäle oder -rohre [siehe DIN EN 50085-1 (VDE 0604 Teil 1):1998-04 und DIN EN 50086-1 (VDE 0605 Teil 1):1994-05] verwendet, so müssen diese aus nichtbrennbaren Baustoffen bestehen."

Normativer Bewertungsansatz des in Bild 8.3 gezeigten Praxisfalls

LAR 2006 BW, Abschnitt 5.1.1:

„Die elektrischen Leitungsanlagen für bauordnungsrechtlich vorgeschriebene sicherheitstechnische Anlagen und Einrichtungen müssen so beschaffen oder durch Bauteile abgetrennt sein, dass die sicherheitstechnischen Anlagen und Einrichtungen im Brandfall ausreichend lang funktionsfähig bleiben (Funktionserhalt). Dieser Funktionserhalt muss bei möglicher Wechselwirkung mit anderen Anlagen, Einrichtungen oder deren Teilen gewährleistet bleiben."

8.3 Mangelhafte Ausführung des Batterieraums

Bild 8.4 zeigt eine nicht zulässige Anordnung von Gegenständen (Regale im rechten Bildteil) in einem Batterieraum einer Sicherheitsbeleuchtungsanlage.

Hinweis

Dieser Sachverhalt ist auf alle nicht zum Betrieb eines Batterieraumes einer Sicherheitsbeleuchtungsanlage notwendigen Gegenstände übertragbar.

Bild 8.4

Bild 8.5 zeigt eine nicht fachgerecht ausgeführte Lüftungsdurchführung in einen Batterieraum; die Ausbreitung von Feuer und Rauch, in welche Richtung auch immer, wird nicht wirksam verhindert, da hier nur ein gewöhnliches Lüftungsgitter eingesetzt wurde.

Hinweis
Dieser Sachverhalt ist auf alle zum Betrieb eines Batterieraumes einer Sicherheitsbeleuchtungsanlage notwendigen Wand- oder Deckendurchführungen übertragbar.

Bild 8.5

Normativer Bewertungsansatz des in Bild 8.4 gezeigten Praxisfalls

EltVO BW §4, Absatz 4:

„In elektrischen Betriebsräumen sollen nur die zum Betrieb der elektrischen Anlagen erforderlichen Leitungen und Einrichtungen vorhanden sein.“

Normativer Bewertungsansatz des in Bild 8.5 gezeigten Praxisfalls

EltVO BW §7, Absatz 1:

„(1) Elektrische Betriebsräume für Zentralbatterien für Sicherheitsbeleuchtung müssen von Räumen mit erhöhter Brandgefahr feuerbeständig, von anderen Räumen mindestens feuerhemmend getrennt sein. Dies gilt auch für Batterieschränke. §5 Abs. 4 gilt entsprechend. Die elektrischen Betriebsräume müssen frostfrei sein oder beheizt werden können. Öffnungen zur Durchführung von Kabeln sind mit nichtbrennbaren Baustoffen so zu schließen, dass Feuer und Rauch nicht in benachbarte Räume eindringen können.“

8.4 Mangelhafte Ausführung von Leuchten

Bild 8.6 zeigt eine nicht fachgerecht ausgeführte Beschriftung bzw. Kennzeichnung einer Leuchte der Sicherheitsbeleuchtung.

Hinweis 1
Der Fluchtweg verläuft in diesem Fall von der anderen Seite der Tür kommend.

Hinweis 2
Dieser Sachverhalt ist auf jede Beschriftung bzw. Kennzeichnung von Sicherheitsbeleuchtungsanlagen übertragbar.

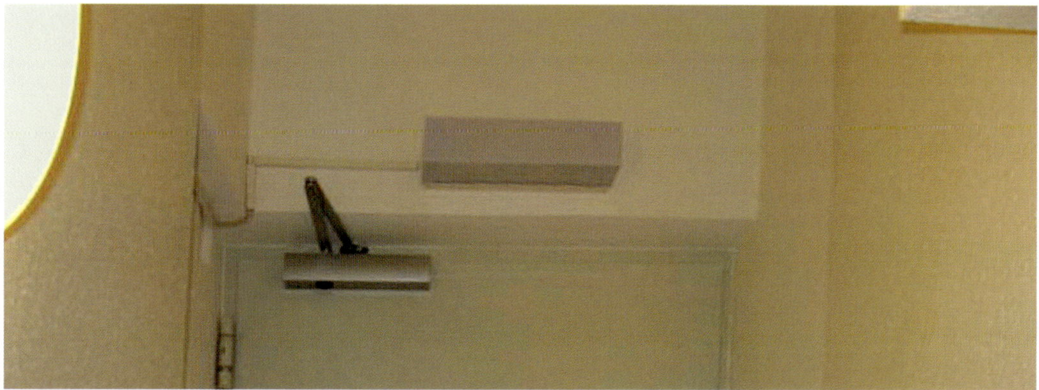

Bild 8.6

Bild 8.7 zeigt eine nicht mehr dem Stand der Technik entsprechende Sicherheitsbeleuchtung, bei der die normativ geforderten Werte der Beleuchtungsstärke und der Gleichmäßigkeit nicht mehr eingehalten wurden.

Zusätzlich wurde keine Kennzeichnung der Sicherheitsbeleuchtung vorgenommen.

Hinweis
Dieser Sachverhalt ist auf alle Beleuchtungsstärken und Gleichmäßigkeiten einer Sicherheitsbeleuchtungsanlage übertragbar.

Bild 8.7

Normativer Bewertungsansatz des in Bild 8.6 gezeigten Praxisfalls

DIN VDE 0100-560 VDE 0100-560:2013-10, Abschnitt 560.9.15:

„Leuchten der Notbeleuchtung und zugehörige Schaltungskomponenten müssen durch ein rotes Schild mit mindestens 30 mm Durchmesser zu erkennen sein.“

Normativer Bewertungsansatz des in Bild 8.7 gezeigten Praxisfalls

DIN EN 1838:2013-10, Abschnitt 4.2.1 und 4.2.2:

„Bei Rettungswegen mit einer Breite bis zu 2 m müssen die horizontalen Beleuchtungsstärken auf dem Boden entlang der Mittellinie des Rettungsweges mindestens 1 lx betragen. Der Mittelbereich, der nicht weniger als der Hälfte der Breite des Weges entspricht, muss mindestens mit 50 % dieses Wertes beleuchtet sein. Breitere Rettungswege können als mehrere 2 m breite Streifen betrachtet werden oder mit einer Antipanikbeleuchtung ausgerüstet werden.

Die Ungleichmäßigkeit U_d, Verhältnis der kleinsten zur größten Beleuchtungsstärke nach EN 12665, darf 1:40 entlang der Mittellinie des Rettungsweges nicht unterschreiten.“

8.5 Mangelhafte Ausleuchtung des Fluchtwegs

Bild 8.8 zeigt eine nicht vorhandene Not- und Sicherheitsbeleuchtung an einem Endausgang zum bzw. am Fluchttreppenhaus.

Hinweis

Dieser Sachverhalt ist auf alle Flucht- und Rettungswege im Bereich von Not- und Sicherheitsbeleuchtungsanlagen übertragbar.

Bild 8.8

Bild 8.9 zeigt eine nicht vorhandene Not- und Sicherheitsbeleuchtung an einem Endausgang des Gebäudes, für das eine Sicherheitsbeleuchtungsanlage gefordert war.

Hinweis
Dieser Sachverhalt ist auf alle Flucht- und Rettungswege im Bereich von Not- und Sicherheitsbeleuchtungsanlagen übertragbar.

Bild 8.9

Normativer Bewertungsansatz der in den Bildern 8.8 und 8.9 gezeigten Praxisfälle

DIN EN 1838:2013-10, Abschnitt 4.1.2:

„Stellen, die durch Beleuchtung hervorzuheben sind:

a) nahe (siehe Anmerkung 1) jeder im Notfall zu benutzenden Ausgangstür;
b) nahe (siehe Anmerkung 1) Treppen, um auf diese Weise jede Treppenstufe direkt zu beleuchten;
c) nahe (siehe Anmerkung 1) jeder anderen Niveauänderung;
d) beleuchtete Sicherheitszeichen an Rettungswegen, Richtungszeichen an Rettungswegen und andere Sicherheitszeichen müssen bei Notbeleuchtungsbedingungen beleuchtet werden;
e) bei jeder Richtungsänderung (siehe Anmerkung 2);
f) bei jeder Kreuzung der Gänge/Flure (siehe Anmerkung 2);
g) nahe (siehe Anmerkung 1) jedem letzten Ausgang und außerhalb des Gebäudes bis zu einem sicheren Bereich;
h) nahe (siehe Anmerkung 1) jeder Erste-Hilfe-Stelle, so dass 5 lx vertikale Beleuchtungsstärke am Erste-Hilfe-Kasten erreicht werden."

Hinweis
Die Punkte i) bis k) des Abschnittes 4.1.2 wurden hier nicht aufgeführt.

8.6 Mangelhafte Leuchteninstallation

Bild 8.10 zeigt einen nicht fachgerecht bzw. nach Herstellervorgaben eingebauten Notbeleuchtungs-Steuerbaustein.

Hinweis
Dieser Sachverhalt ist vom Grundsatz her auf alle elektrischen Betriebsmittel übertragbar.

Bild 8.10

Normativer Bewertungsansatz

Nach den Herstellervorgaben muss dieser Notbeleuchtungs-Steuerbaustein fest in eine hierfür zugelassene Leuchte oder ein anderes Betriebsmittel eingebaut und fachgerecht angeschlossen werden.

Zur weiteren normativen Bewertung des nicht fachgerechten Anschlusses wird auf das Kapitel 2 verwiesen.

Hinweis
Der deutlich sichtbare nicht fachgerechte Anschluss und die freifliegende Montage des Notbeleuchtung-Steuerbausteins ist unstrittig als instandsetzungsbedürftig zu klassifizieren.

9 Praxisfälle und deren normative und praktische Bewertung im Bereich der Überprüfung von elektrischen Anlagen und Arbeitsmitteln

In diesem Kapitel werden Praxisfälle aus dem Bereich der Überprüfung von elektrischen Anlagen und Arbeitsmitteln dargestellt und anhand der im Kapitel 1 aufgezeigten Grundsätzen und Bewertungsmaßstäben kommentiert.

Zielstellung ist es, dem Errichter, Planer oder Prüfer elektrischer Anlagen im Bereich der Überprüfung von elektrischen Anlagen und Arbeitsmitteln normative Neuerungen, aber auch alt hergebrachte Problemstellungen zu erläutern und ihm Lösungsansätze für die praktische Umsetzung an die Hand zu geben.

Ein besonderes Augenmerk wird dabei auch darauf gelegt, dass der Normenanwender die *„normativen Schutzziele“* nachvollziehen und seine Entscheidungen an diesen ausrichten kann. Dies ist umso wichtiger, da im Zeitalter der international harmonisierten elektrotechnischen Normung die Anwendung der elektrotechnischen Normen für den Praktiker nicht einfacher wird.

Folgende DIN-VDE-Normen werden in ihrer gültigen Fassung Stand 2018 kommentiert und als Maßstab für die Bewertung der einzelnen Praxisfälle herangezogen. Weiterführende Normen und Vorschriften sind beim jeweiligen Praxisfall noch zusätzlich aufgeführt.

- DIN VDE 0701-0702
- DIN VDE 0100-600
- DIN VDE 0105-100
- DIN VDE 0100-704
- DIN VDE 0660-600
- DGUV-V-3 bzw. DGUV-V-4

Hinweis

In den folgenden Praxisfällen liegt der Fokus auf bestimmten Abweichungen von Normen und Herstellervorgaben. Dies soll jedoch keine allumfassende Bewertung des jeweiligen Falles darstellen. Eventuelle weitere erkennbare Abweichungen sollen nicht bewertet werden.

9.1 Berührungsschutz

Die **Bilder 9.1** bis **9.3** zeigen Fälle, bei denen der Berührungsschutz (Schutz gegen direktes Berühren aktiver Teile) nicht fachgerecht bzw. nicht den normativen Vorgaben entsprechend ausgeführt wurde.

Hinweis

Der in den Bildern gezeigte Sachverhalt ist vom Grundprinzip her auf alle Systeme im Bereich Energietechnik übertragbar.

Bild 9.1

Bild 9.2

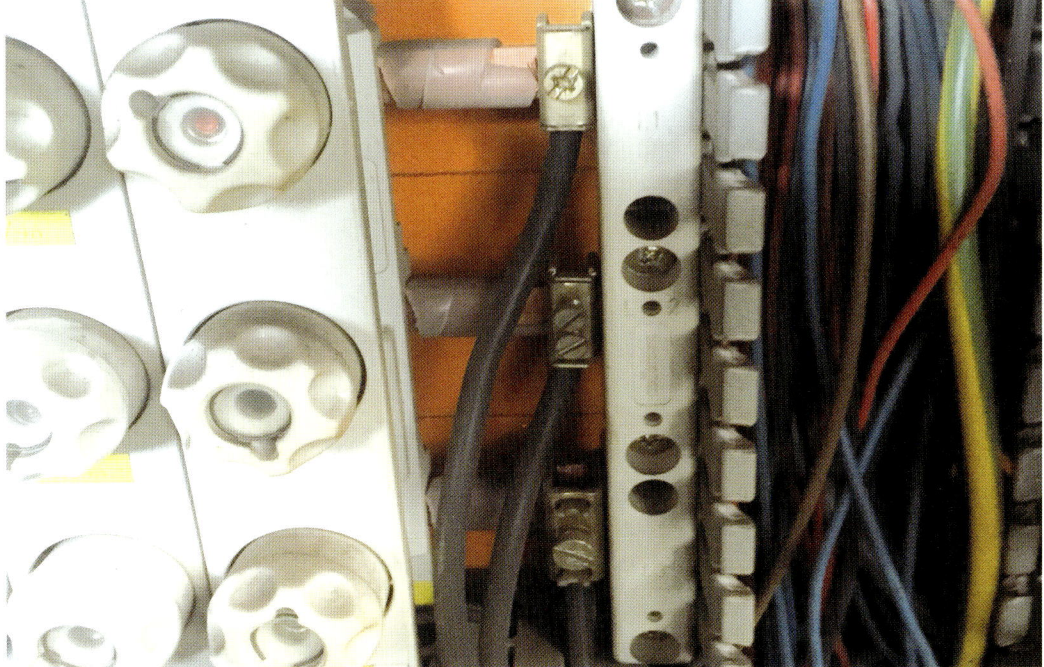

Bild 9.3

Normativer Bewertungsansatz der in den Bildern 9.1 bis 9.3 gezeigten Praxisfälle

In **DGUV-V-3 Anhang 1, Punkt 1** wird die *„Realisierung des teilweisen Berührungsschutzes für Bedienvorgänge nach DIN VDE 0106 Teil 100, 3/83 bis zum 31. Dezember 1999"* gefordert.

Hinweis

VDE 0106 Teil 100, 3/83 wurde durch DIN EN 50274 VDE 0660-514:2002-11 und die Berichtigung 2009-11 ersetzt.

Zusammengefasst ist hier die Realisierung des Berührungsschutzes im Bereich von Betriebsmitteln zur Wiederingangsetzung einer Sollfunktion gefordert (die Umsetzung dieser Anpassungsforderung musste bis 31. Dezember 1999 abgeschlossen sein).

Technische Umsetzung

Bei Druckbetätigung ist die Basisfläche bis zu 100 mm vom äußeren Rand der Betätigungseinrichtung entfernt und ihr fingersicherer Bereich umfasst eine Fläche, die bis zu 30 mm vom äußeren Rand dieser Betätigungseinrichtung entfernt ist (siehe Bild 3 nach DIN EN 50274 VDE 0660-514:2002-11).

Hinweis

Da sich diese Anpassungsforderung **nur** auf die Realisierung des Berührungsschutzes im Bereich von Betriebsmitteln zur Wiederingangsetzung einer Sollfunktion bezieht, hat der Unternehmer (Arbeitgeber) durch eine fachkundige Person die weiteren Gefahren im Rahmen einer Gefährdungsbeurteilung ermitteln zu lassen und geeignete Maßnahmen zur Reduzierung der Gefährdung zu definieren.

9.2 Mangelhafter Baustromverteiler

Bild 9.4 zeigt einen Baumstromverteiler, der unzulässig verwendet wird. Der Baumstromverteiler entspricht nicht den Anforderungen der einschlägigen Produktnorm und weist schwere Beschädigungen bzw. Manipulationen auf.

Hinweis
Der im Bild gezeigte Sachverhalt ist auf alle elektrischen Anlagen auf Bau- und Montagestellen übertragbar.

Bild 9.4

Normativer Bewertungsansatz

1. DIN VDE 0100-704 Ausgabe 2007-10, Abschnitt 704.511.1:

„Alle Schaltgerätekombinationen auf Baustellen (Verteilerschrank ACS) für die Verteilung der elektrischen Energie müssen mit den Anforderungen von DIN EN 60439-4 (VDE 0600-501) übereinstimmen."

Hinweis
DIN EN 60439-4 (VDE 0600-501) wurde durch DIN EN 61439-4:2013-09 ersetzt.

2. DGUV-I-203-006 (Alt BGI 608):

Hier werden im Abschnitt 4.1.2.1 praktisch identische Anforderungen erhoben. Dies sind auszugsweise z.B. Schutzart IP44, zentrale Trenneinrichtung, sichere Standfestigkeit usw.

Selbstverständlich müssen sämtliche elektrischen Betriebsmittel unbeschädigt sein und dürfen ausschließlich nach Herstellervorgaben verwendet werden.

Hinweis
DGUV-I-203-006 (Alt BGI 608) ist nach Anhang 1 DGUV-V-3 per Anpassungsforderung verbindlich umzusetzen.

9.3 Ortsveränderliche Mehrfachsteckdosen

Die **Bilder 9.5** bis **9.8** zeigen ortsveränderliche Mehrfachsteckdosen, die nicht bestimmungsgemäß verwendet werden.

Hinweis
Der in den Bildern gezeigte Sachverhalt ist auf alle Verwendungsfälle von ortsveränderlichen Mehrfachsteckdosen übertragbar.

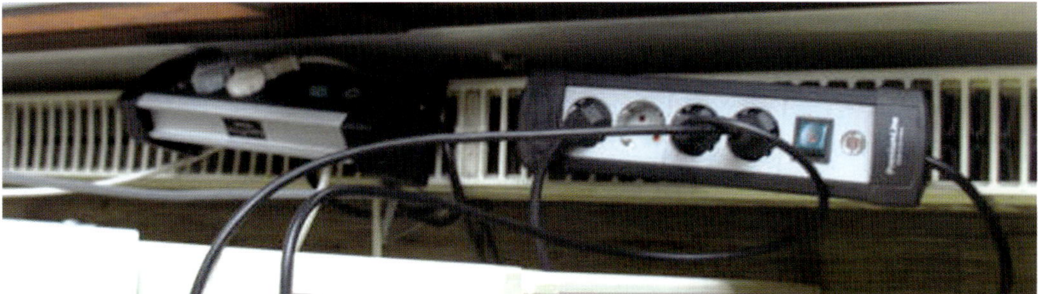

Bild 9.5

Bild 9.6

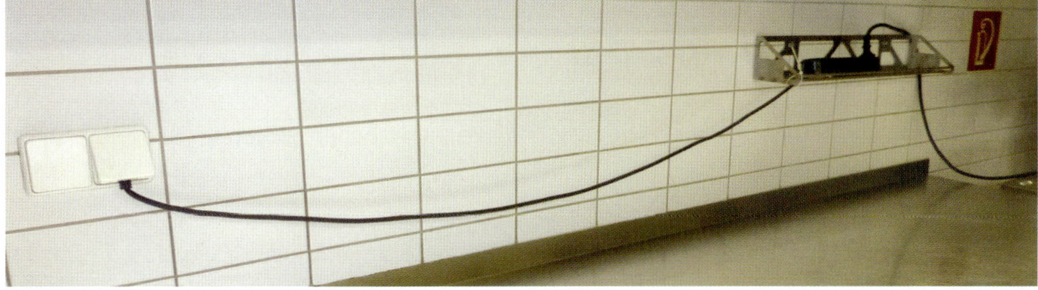

Bild 9.7

Bild 9.8

Normativer Bewertungsansatz der in den Bildern 9.5 bis 9.8 gezeigten Praxisfälle

DIN VDE 0620-2-1 VDE 0620-2-1:2016-01

Nach der oben genannten Norm und nach Herstellervorgabe stellen die nachfolgend aufgeführten Anwendungen der ortsveränderlichen Mehrfachsteckdosen eine **nicht** bestimmungsgemäße Verwendung dar.

Beispielhafter Auszug der nicht bestimmungsgemäßen Verwendung nach DIN VDE 0620-2-1 VDE 0620-2-1:2016-01:

„*– Der Einsatz in feuchten oder nassen Räumen*
– Der Einsatz im Freien
– Der Einsatz in feuergefährlichen Bereichen
– Das hintereinander Stecken von mehreren ortsveränderlichen Mehrfachsteckdosen
– Der Betrieb als Ersatz für eine ortsfeste Elektroinstallation
– Der abgedeckte Betrieb“

9.4 Kupplungsdosen-Anschluss

Bild 9.9 zeigt einen nicht fachgerecht ausgeführten zusätzlichen „Kupplungsabgang“ an einem Steckdosenverteiler.

Hinweis
Der im Bild gezeigte Sachverhalt ist auf alle „Erweiterungen“ oder „Umbauten“ im Bereich der Energietechnik übertragbar.

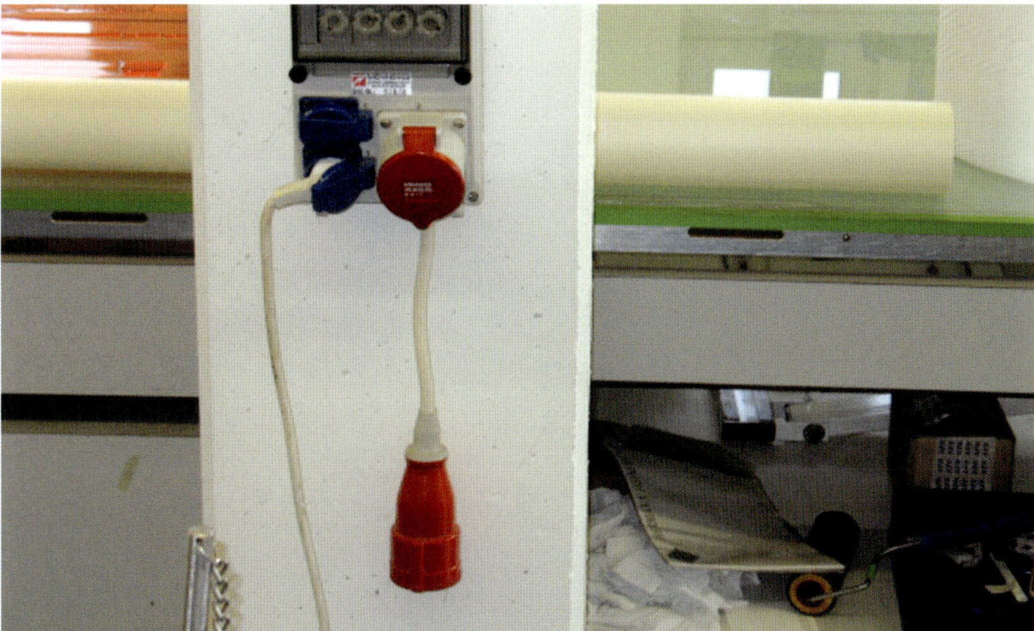

Bild 9.9

Normativer Bewertungsansatz

Nach den einschlägigen Regelungen der Niederspannungsrichtlinie muss der Hersteller eines Produktes (der Umbauende wird rechtlich gesehen zum neuen Hersteller) die einschlägigen technischen Normen einhalten, eine Konformitätserklärung und die Produktkennzeichnung durchführen.

Unabhängig von der hier vorliegenden technisch nicht korrekten Ausführung ist der vorab aufgeführte Rechtsgrundsatz von entscheidender Bedeutung, da der ursprüngliche Hersteller jede weitere Verantwortung für sein Produkt zurückweisen kann, und somit die komplette Herstellerverantwortung auf die Person bzw. die Organisation, die den nicht fachgerechten Umbau durchgeführt hat, übergeht.

9.5 Prüffrist – Hochspannungsprüfer

Bild 9.10 zeigt eine Hochspannungs-Prüfeinrichtung mit **nicht** mehr aktueller Sicherheitsüberprüfung.

> **Hinweis**
> Der im Bild gezeigte Sachverhalt ist vom Grundsatz her auf alle elektrischen Betriebsmittel übertragbar.

Normativer Bewertungsansatz

Nach den einschlägigen Rechtsvorschriften (DGUV-V-3 § 1–5 und Betriebssicherheitsverordnung § 14) sind Arbeitsmittel regelmäßig auf die Eignung zur sicheren Verwendung zu überprüfen (Wiederholungsprüfung), diese Rechtspflicht obliegt dem Unternehmer (Arbeitgeber).

Bild 9.10

Ebenso ist der Unternehmer (Arbeitgeber) verpflichtet, im Rahmen einer Gefährdungsbeurteilung durch eine „fachkundige Person" die Prüffristen und den Prüfumfang ermitteln zu lassen und diesen Prozess nachweislich und nachvollziehbar zu dokumentieren.

Hinweis

Die Prüffristenempfehlung von sechs Jahren nach Tabelle 1C DGUV-V-3 darf **nicht** einfach ungeprüft übernommen werden, sondern muss im Rahmen der vorab aufgeführten Prozessabläufe (Gefährdungsbeurteilung) bewertet und verifiziert werden. Selbstverständlich kann die Tabelle 1C DGUV-V-3 als Erkenntnisquelle angewendet werden.

10 Praxisfälle und deren normative und praktische Bewertung im Bereich der EMV

In diesem Kapitel werden Praxisfälle aus dem Bereich der EMV (Elektromagnetische Verträglichkeit) dargestellt und anhand der im Kapitel 1 aufgezeigten Grundsätze und Bewertungsmaßstäbe kommentiert.

Zielstellung ist es, dem Errichter, Planer oder Prüfer elektrischer Anlagen im Bereich der elektromagnetischen Verträglichkeit normative Neuerungen, aber auch alt hergebrachte Problemstellungen zu erläutern und ihm Lösungsansätze für die praktische Umsetzung an die Hand zu geben.

Ein besonderes Augenmerk wird dabei auch darauf gelegt, dass der Normenanwender die *„normativen Schutzziele“* nachvollziehen und seine Entscheidungen an diesen ausrichten kann. Dies ist umso wichtiger, da im Zeitalter der international harmonisierten elektrotechnischen Normung die Anwendung der elektrotechnischen Normen für den Praktiker nicht einfacher wird.

Folgende DIN-VDE-Normen werden in ihrer gültigen Fassung Stand 2018 kommentiert und als Maßstab für die Bewertung der einzelnen Praxisfälle herangezogen. Weiterführende Normen und Vorschriften sind beim jeweiligen Praxisfall noch zusätzlich aufgeführt.

- DIN VDE 0100-444
- DIN VDE 0100-510
- DIN VDE 0100-520
- DIN VDE 0298-4
- DIN VDE 0800-174-2
- DIN VDE 0800-2-310

Hinweis
In den folgenden Praxisfällen liegt der Fokus auf bestimmten Abweichungen von Normen und Herstellervorgaben. Dies soll jedoch keine allumfassende Bewertung des jeweiligen Falles darstellen. Eventuelle weitere erkennbare Abweichungen sollen nicht bewertet werden.

10.1 Funktionspotentialausgleich

Die **Bilder 10.1** bis **10.3** zeigen einen nicht fachgerecht ausgeführten bzw. nicht den normativen Vorgaben entsprechenden Funktionspotentialausgleich (EMV – Potentialausgleich).

Hinweis
Dieser Sachverhalt ist vom Grundprinzip her auf alle Systeme im Bereich Energietechnik übertragbar.

Bild 10.1

Bild 10.2

Bild 10.3

Normativer Bewertungsansatz der in den Bildern 10.1 bis 10.3 gezeigten Praxisfälle

DIN EN 50174-2 VDE 0800-174-2:2015-02:

*„**Anforderungen***

Die folgenden Anforderungen gelten für Kabelführungssysteme aus Metall oder Verbundstoff, von denen speziell gefordert wird, dass sie für die in ihnen verlegten informationstechnischen Kabel eine elektromagnetische Schirmung bieten (siehe 4.4.1):

a) Wenn das Kabelführungssystem aus mehreren Teilstücken zusammengebaut wird:

- *müssen die Teilstücke miteinander verbunden werden, um den unterbrechungsfreien Verlauf sicherzustellen;*
- *müssen Verbindungen ein Leistungsvermögen nach EN 50310 haben (siehe Bild 3)"*

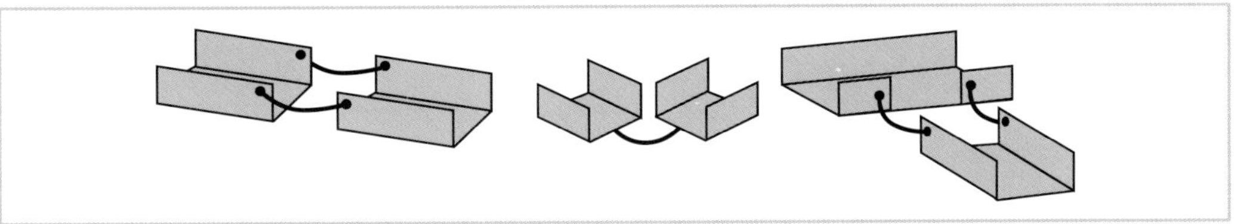

Bild 3 der DIN EN 50174-2 VDE 0800-174-2:2015-02.

Die in den Bildern dargestellt Ausführungs-Variante stimmt **nicht** mit den normativen Anforderungen überein.

Hinweis

Die Anforderungen der **DIN EN 50174-2 VDE 0800-174-2:2015-02** 5.3.3.3.1 gelten für alle metallischen Kabel- und Leitungsführungssysteme.

10.2 Nicht korrekte Leiterkennzeichnung

Bild 10.4 zeigt eine nicht zulässige Leiterkennzeichnung (PEN, PE, N).

Hinweis
Dieser Sachverhalt ist bezüglich der Leiterkennzeichnung (PEN, PE, N) auf alle elektrischen Anlagen übertragbar.

Bild 10.4

Normativer Bewertungsansatz

DIN VDE 0100-510 VDE 0100-510:2014-10,
Abschnitt 514.3.1. Z1 Neutralleiter oder Mittelleiter:
„Neutralleiter oder Mittelleiter müssen über ihre gesamte Länge durch die Farbe Blau gekennzeichnet sein."

Abschnitt 514.3.1. Z2 Schutzleiter:
„Schutzleiter müssen über ihre gesamte Länge durch die Zwei-Farben-Kombination Grün-Gelb gekennzeichnet sein. Diese Farbkombination darf für einen anderen Zweck nicht verwendet werden."

Abschnitt 514.3.2 PEN-Leiter, PEL-Leiter und PEM-Leiter:
„PEN-Leiter müssen, wenn sie isoliert sind, durch eine der folgenden Verfahren gekennzeichnet werden – grün-gelb über die gesamte Länge, zusätzlich mit blauer Markierung an den Leiterenden, oder blau über die gesamte Länge zusätzlich mit grüngelber Markierung an den Leiterenden.
Für Deutschland ist nach Entscheidung des Komitees 221 ‚Elektrische Anlagen und Schutz gegen elektrischen Schlag' die Variante der durchgehend hellblauen Kennzeichnung für PEN-Leiter ***nicht*** *zulässig, es sei denn, öffentliche oder damit vergleichbare Verteilungsnetze werden von TT-System in TN-System geändert."*

10.3 Induktionswirkungen – Wirbelströme

Die **Bilder 10.5** und **10.6** zeigen eine aus Gründen der EMV nicht optimale Anordnung von Einleiter-Kabeln mit Stahl-Bügelschellen.

Hinweis
Dieser Sachverhalt ist auf alle Fälle der Verwendung von ferromagnetischen Werkstoffen übertragbar.

Bild 10.5

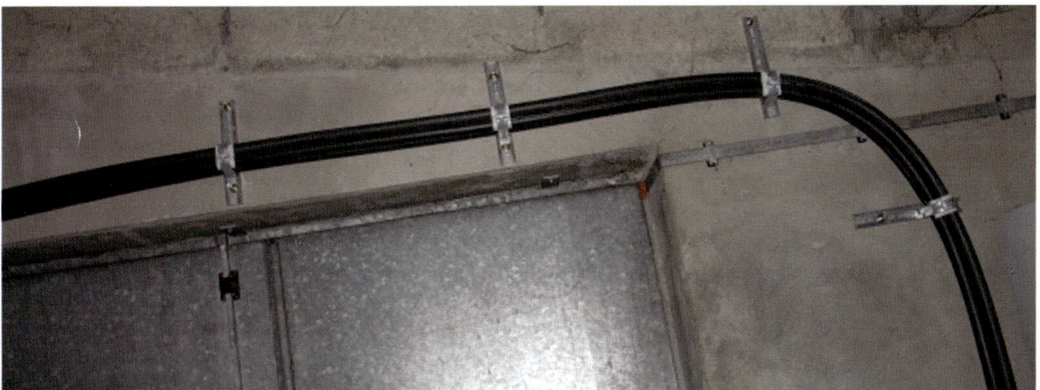

Bild 10.6

Normativer Bewertungsansatz der in den Bildern 10.5 und 10.6 gezeigten Praxisfälle

Auch wenn es in den normativen Vorgaben nicht ausdrücklich als nicht zulässig beschrieben wird, sollte diese oder ähnliche Anordnungen von Einleiter-Kabeln mit Stahl-Bügelschellen unterbleiben, da eine sehr starke Induktionswirkung bezüglich von „Wirbelströmen" in den Stahl-Bügelschellen zu beobachten ist.

Eine Verwendung von nicht ferromagnetischen Werkstoffen (z. B. Aluminium) wird dringend empfohlen.

Zusätzlich wird hier auf die Vorgaben von DIN VDE 0298-4 Anhang D bezüglich der Anordnung von Einleiter-Kabeln im weiteren Verlauf der Kabelverlegung hingewiesen.

10.4 Auslegung RCM

Bild 10.7 zeigt eine nicht zur Beurteilung geeignete Anordnung bzw. Auslegung einer RCM (Differenzstrom-Überwachungs-Einheit), da der gesamte Unterverteiler (mehr als 30 Stromkreise) mit einer einzigen RCM überwacht wird.

Hinweis
Dieser Sachverhalt ist auf alle Fälle der Verwendung von RCMs (Differenzstrom-Überwachungseinheiten) übertragbar.

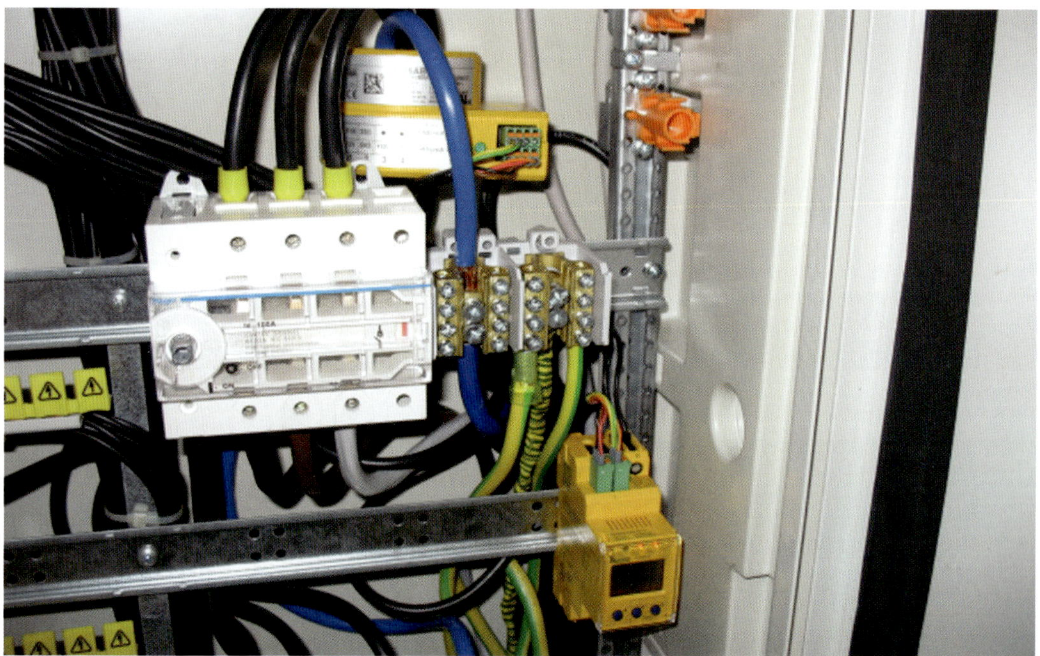

Bild 10.7

Normativer Bewertungsansatz

Auch wenn es in den normativen Vorgaben nicht ausdrücklich als nicht zulässig beschrieben wird, sollte diese oder ähnliche Anordnungen einer Differenzstrom-Überwachungs-Einheit unterbleiben, da der gesamte Unterverteiler (mehr als 30 Stromkreise) mit einer einzigen RCM überwacht wird und somit keine Aussage mehr bezüglich des selektiven Ansteigens der Differenzströme (Ableitströme) in den jeweiligen einzelnen Stromkreisen oder Stromkreisgruppen möglich ist.

Für nähere technische Beschreibungen zu diesem Sachverhalt siehe **DIN VDE 0100-530 VDE 0100-530:2011-06, Abschnitt 532.3.**

Hinweis zu DIN VDE 0100-530 VDE 0100-530:2011-06, Abschnitt 532.3
Differenzstrom-Überwachungs-Einheiten (RCMs) dürfen auch als zusätzliche Schutzeinrichtungen zur Differenzstrom-Überwachung eingesetzt werden.

10.5 Vagabundierende Ströme

Bild 10.8 zeigt eine orientierende Messung der vagabundierenden Ströme (ca. 5,3 A) an der Haupterdungsschiene eines Industriebetriebes.

Hinweis
Dieser Sachverhalt ist auf alle Fälle der vagabundierenden Ströme in elektrischen Anlagen übertragbar.

Bild 10.8

Normativer Bewertungsansatz

Auch wenn es bezüglich der vagabundierenden Ströme in elektrischen Anlagen keine direkt verbindlichen normativen Vorgaben gibt, sollte dem Anlagenbetreiber bei vagabundierenden Strömen in dieser Größenordnung eine Untersuchung der betreffenden elektrischen Anlage auf EMV-Problemstellungen empfohlen werden.

Hinweis
Bei dieser elektrischen Anlage wurde ein vagabundierender Strom von ca. 7% des Anlagenbetriebsstromes festgestellt.

Die in VDS 2871, Abschnitt 2.3 aufgeführten Werte von z. B. 300 mA werden in solchen Anlagen nach meiner Erfahrung praktisch immer überschritten.

10.6 Nicht fachgerecht ausgeführter Schutzleiteranschluss

Bild 10.9 zeigt einen aus handwerklicher Sicht und aus Sicht der EMV nicht fachgerecht ausgeführten Schutzleiteranschluss.

Hinweis
Dieser Sachverhalt ist auf alle Schutzleiteranschlüsse im Bereich der Energietechnik übertragbar.

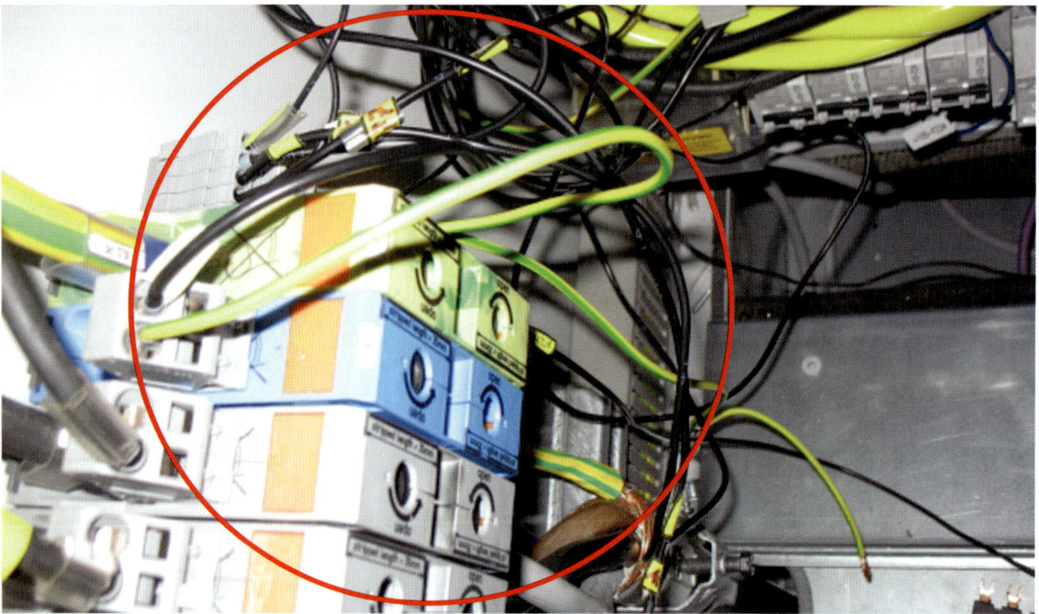

Bild 10.9

Normativer Bewertungsansatz

Auch wenn es nicht normativ verbindlich als unzulässig aufgeführt wird, führt eine derartige Umsetzung bzw. Realisierung eines Schutzleiteranschlusses zu einer nicht unerheblichen induktiven Einkopplung (Schutzleiter als Induktions-Schleife ausgeführt) von Strömen in das Schutzleitersystem einer elektrischen Anlage oder einer Maschinenanlage.

Hinweis
Der im Bild sichtbare, nicht angeschlossene Schutzleiter gehört zu einer nicht benötigten Leitung, die zurückgebaut wurde.

10.7 TN-C-S-System

Bild 10.10 zeigt eine neu errichtete elektrische Anlage, in der zur Einspeisung des Unterverteilers ein TN-C-S-System mit Einleiter-Kabel von der bestehenden Gebäudehauptverteilung realisiert wurde.

Hinweis
Dieser Sachverhalt ist vom Grundsatz her auf alle elektrischen Anlagen übertragbar.

Normativer Bewertungsansatz

DIN VDE 0100-444 VDE 0100-444:2010-10, Abschnitt 444.4.3.2:

„Anlagen in neu zu errichtenden Gebäuden müssen von der Einspeisung an als TN-S-Systeme errichtet werden (siehe Bild 44.R3A). In bestehenden Gebäuden, die bedeutende informationstechnische Betriebsmittel enthalten oder wahrscheinlich enthalten werden und die aus einem öffentlichen Niederspannungsnetz versorgt werden, sollte ab dem Anfang der Installationsanlage ein TN-S-System errichtet werden (siehe Bild 44.R3A).“

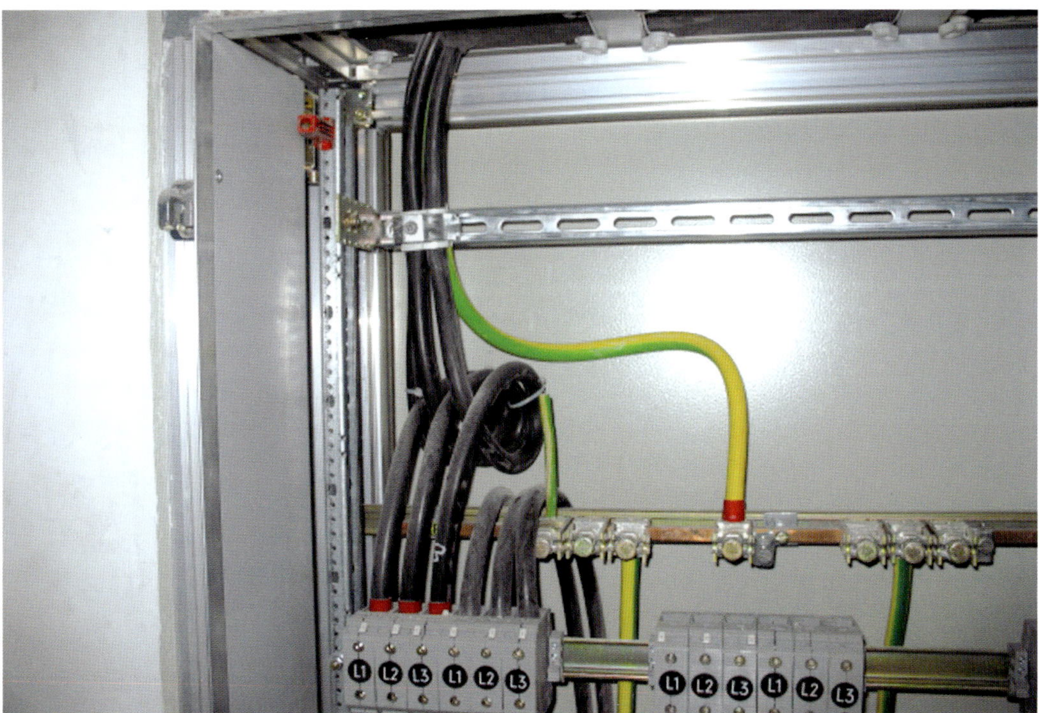

Bild 10.10

Hinweis

Auch wenn dies in den normativen Vorgaben zum Teil nicht eindeutig bzw. widersprüchlich beschrieben ist, müssen neu errichtete Gebäude meiner Meinung nach wie nach Abschnitt 444.4.3.2 der DIN VDE 0100-444 VDE 0100-444:2010-10 bzw., falls im TN-Netz ausgeführt, nach VDE AR 4100 vorgegeben, als TN-S-Anlage ab der Einspeisung errichtet werden.

11 Besondere Praxisfälle und deren normative und praktische Bewertung

In diesem Kapitel werden Praxisfälle aus dem kompletten Bereich der Energietechnik dargestellt und anhand der im Kapitel 1 aufgezeigten Grundsätze und Bewertungsmaßstäbe kommentiert.

Zielstellung ist es, dem Errichter, Planer oder Prüfer elektrischer Anlagen im Bereich der Energietechnik (Schwerpunkt Niederspannungsanlagen) normative Neuerungen, aber auch alt hergebrachte Problemstellungen zu erläutern und ihm Lösungsansätze für die praktische Umsetzung an die Hand zu geben.

Ein besonderes Augenmerk wird dabei auch darauf gelegt, dass der Normenanwender die *„normativen Schutzziele“* nachvollziehen und seine Entscheidungen an diesen ausrichten kann. Dies ist umso wichtiger, da im Zeitalter der international harmonisierten elektrotechnischen Normung die Anwendung der elektrotechnischen Normen für den Praktiker nicht einfacher wird.

Folgende DIN-VDE-Normen werden in ihrer gültigen Fassung Stand 2018 kommentiert und als Maßstab für die Bewertung der einzelnen Praxisfälle herangezogen. Weiterführende Normen und Vorschriften sind beim jeweiligen Praxisfall noch zusätzlich aufgeführt.

- DIN VDE 0100-410
- DIN VDE 0105-100
- DIN VDE 0100-430
- DIN VDE 0100-460
- DIN VDE 0100-510
- DIN VDE 0100-520
- DIN VDE 0100-530
- DIN VDE 0100-540
- DIN VDE 0100-701

Hinweis

In den folgenden Praxisfällen liegt der Fokus auf bestimmten Abweichungen von Normen und Herstellervorgaben. Dies soll jedoch keine allumfassende Bewertung des jeweiligen Falles darstellen. Eventuelle weitere erkennbare Abweichungen sollen nicht bewertet werden.

11.1 Außensteckdose

Bild 11.1 zeigt eine nicht fachgerecht ausgeführte Außensteckdose (Nachinstallation). Der zusätzliche Schutz gegen elektrischen Schlag nach dem aktuellen Normenstand wurde nicht korrekt umgesetzt. Vom Errichter wurde ohne jede Notwendigkeit eine wesentlich aufwändigere Lösung gewählt, da in der speisenden Energieverteilung bereits ein Reservestromkreis vorhanden war und es problemlos möglich gewesen wäre, diese Außensteckdose hierdurch zu versorgen.

Bild 11.1

Normativer Bewertungsansatz

DIN VDE 0100-410 VDE 0100-410:2007-06, Abschnitt 411.3.3:

„Zusätzlicher Schutz für Endstromkreise für den Außenbereich und Steckdosen

In Wechselspannungssystemen muss ein zusätzlicher Schutz durch Fehlerstrom-Schutzeinrichtungen (RCDs) nach 415.1 vorgesehen werden für:

- *Steckdosen mit einem Bemessungsstrom nicht größer als 20 A, die für die Benutzung durch Laien und zur allgemeinen Verwendung bestimmt sind; Steckdosen, die durch Elektrofachfachkräfte oder elektrotechnisch unterwiesene Personen überwacht werden, wie z. B. in einigen gewerblichen oder industriellen Anlagen. Dieses gilt z. B. für Industriebetriebe, deren elektrische Anlagen und Betriebsmittel ständig überwacht werden. Als ständig überwacht gelten elektrische Anlagen und Betriebsmittel, wenn sie von Elektrofachkräften in Stand gehalten werden und durch messtechnische Maßnahmen sichergestellt ist, dass dadurch Schäden rechtzeitig entdeckt und behoben werden können.*
- *Steckdosen, die jeweils für den Anschluss nur eines bestimmten Betriebsmittels errichtet werden. In Fällen, bei denen die ausschließliche Verwendung der Steckdose für bestimmte Betriebsmittel in Zweifel gezogen wird, wird empfohlen, entweder auf die Ausnahme zu verzichten oder das bestimmte Betriebsmittel fest anzuschließen.*
- ***Endstromkreise für im Außenbereich verwendete tragbare Betriebsmittel mit einem Bemessungsstrom nicht größer als 32 A.“***

11.2 Defekte Kompensationskondensatoren

Bild 11.2 zeigt defekte bzw. thermisch überlastete Anschlüsse an Kompensationskondensatoren.

Hinweis
Dieser Sachverhalt ist auf alle Kompensationskondensatoren in elektrischen Anlagen übertragbar.

Bild 11.2

Technischer Bewertungsansatz

Hier ist keine normative Bewertung notwendig, da es sich hier eindeutig um eine thermisch überlastete Anschlussstelle an einem Kompensationskondensator handelt. Diese ist entweder durch eine nicht fachgerechte Ausführung, Alterung oder/und durch den Effekt der „Stromüberhöhung" im Zuge einer elektrischen Resonanz (Schwingkreis bei Resonanz-Frequenz) zwischen der Netzinduktivität und den Kondensatoren erfolgt. Dieser Effekt der elektrischen Resonanz ist hauptsächlich bei nicht verdrosselten Blindleistungs-Kompensationsanlagen zu beobachten.

11.3 Unterverteiler mit Einphasen-Wechselstrom-Einspeisung

Bild 11.3 zeigt einen nicht fachgerecht ausgeführten elektrischen Unterverteiler mit einer Einphasen-Wechselstrom-Einspeisung und Dreiphasen-Wechselstrom-Verbrauchern (z. B. Elektroherd), realisiert mit drei einpoligen Leitungsschutzschaltern B16A und einer Stromkreiszuleitung zum Elektroherd als NYM-J 5 x 2,5 mm^2.

Hinweis
Dieser Sachverhalt ist auf alle Einphasen-Wechselstrom-Einspeisungen mit Dreiphasen-Wechselstrom-Verbrauchern übertragbar.

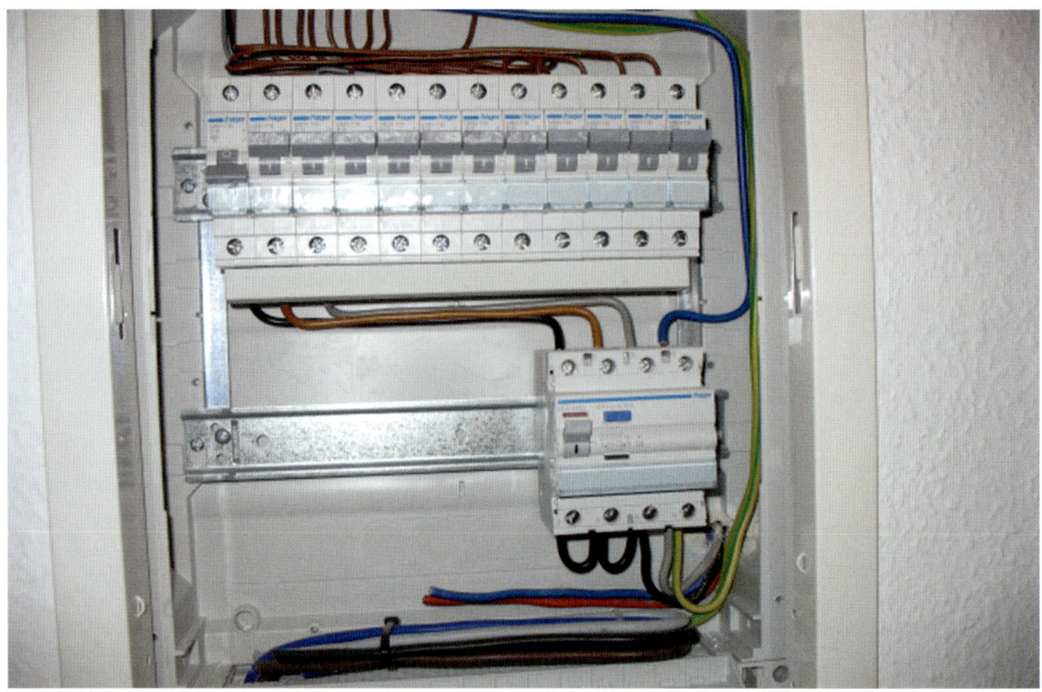

Bild 11.3

Normativer Bewertungsansatz

DIN VDE 0100-520 VDE 0100-520:2013-06, Abschnitt 521.8.2:

„Die Zuordnung eines gemeinsamen Neutralleiters für mehrere Hauptstromkreise ist nicht zulässig. Aus einem Drehstromkreis mit einem Neutralleiter dürfen jedoch Einphasen-Wechselstromkreise aus je einem Außenleiter und dem Neutralleiter gebildet werden, wenn die Anordnung der Stromkreise erkennbar bleibt. Dieser Drehstromkreis muss durch eine Einrichtung zum Trennen nach DIN VDE 0100-537(VDE 0100-537):1999-06, 537.2 getrennt werden können, die alle Außenleiter trennt."

Hinweis

Die in dem Bild 11.3 dargestellte Ausführung führt aufgrund der nicht gegebenen Phasenverschiebung (3 x 120°) zwischen den am Herdanschluss vorhandenen Außenleitern (z. B. 3 x Außenleiter L1) zu einer Überlastung des Neutralleiters des Herdanschlusses.

11.4 Überlastete Betriebsmittel

Bild 11.4 zeigt eine durch ortsveränderliche Heizgeräte (2 x 2,0 kW) überlastete ortsveränderliche Mehrfachsteckdose bzw. einen überlasteten elektrischen Stromkreis .

Hinweis

Dieser Sachverhalt ist auf alle Überlastungsfälle in der Energietechnik übertragbar.

Bild 11.4

Normativer Bewertungsansatz

DIN VDE 0100-430 VDE 0100-430:2010-10, Abschnitt 433.1:

„Der Schutz in Übereinstimmung mit diesem Abschnitt kann den Schutz in bestimmten Fällen nicht sicherstellen, z.B., wenn lang andauernde Überströme kleiner als I2 auftreten. In solchen Fällen sollte die Auswahl eines Kabels/einer Leitung mit größerem Querschnitt geprüft werden.“

Technischer Bewertungsansatz

Selbstverständlich kann ein größerer Leitungsquerschnitt ausdrücklich nicht diese Problemstellung (vom elektrotechnischen Laien herbeigeführte Überlastungen) komplett kompensieren, da hier noch die Überlastung der anderen Betriebsmittel (z.B. ortsfeste Steckdose, Mehrfachsteckdose usw.) gegeben ist.

Hier ist eine ausschließlich technische Lösung nicht zielführend, deshalb sollte die Elektrofachkraft bei ihren Arbeitsmittel- oder Anlagen-Wiederholungsprüfungen besonders auf solche oder ähnliche Konstellationen achten und den Betreiber darauf hinwiesen. Letztendlich liegt ein solches Fehlverhalten ohnehin komplett im Einflussbereich des Anlagenbetreibers oder dem Nutzer der elektrischen Anlage.

11.5 Schutzbereiche im Bade- und Duschraum

Bild 11.5 zeigt einen nicht eingehaltenen Abstand (Schutzbereich) von einer Duschwanne zu einem elektrischen Betriebsmittel.

Der Abstand beträgt ohne die Berücksichtigung der Duschabtrennung ca. 20 cm bis 25 cm, somit befindet sich die Steckdose unzulässigerweise im Schutzbereich 2.

Hinweis
Dieser Sachverhalt ist auf alle elektrischen Betriebsmittel (Energieanlagen) in den jeweiligen Schutzbereichen mit den einzelnen Anforderungen übertragbar.

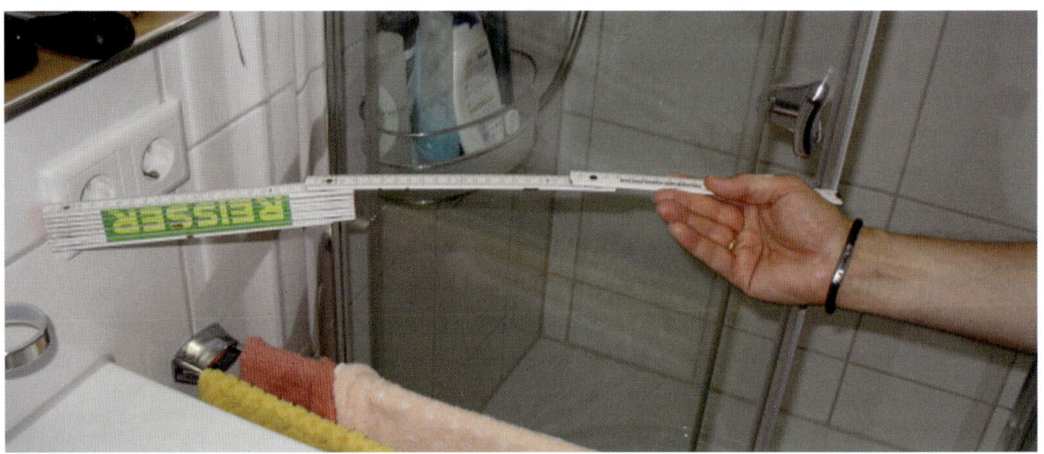

Bild 11.5

Normativer Bewertungsansatz

DIN VDE 0100-701 VDE 0100-701:2008-10, Abschnitt 701.512.4

„Zulässige Installationsgeräte im Schutzbereich 2

- *Installationsgeräte, ausgenommen Steckdosen;*
- *Installationsgeräte, einschließlich Steckdosen, von Stromkreisen, die geschützt sind durch Kleinspannung mittels SELV oder PELV. Die Stromquelle muss außerhalb der Bereiche 0 und 1 errichtet sein;*
- *Rasiersteckdosen-Einheiten nach DIN EN 61558-2-5 (VDE 0570-2-5);*
- *Installationsgeräte, einschließlich Steckdosen für Betriebsmittel der Signal- und Kommunikationstechnik, vorausgesetzt, solche Betriebsmittel sind geschützt durch Kleinspannung mittels SELV oder PELV."*

Hinweis
Eine Duschabtrennung wie in dem oben aufgeführten Bild stellt ausdrücklich keine Abtrenneinheit dar, die eine bereichsbegrenzende Wirkung begründen würde, da diese ohne bauliche Maßnahme sehr leicht (z. B. vom Nutzer) zu entfernen ist (siehe hierzu DIN VDE 0100-701 VDE 0100-701:2008-10, Abschnitt 701.30.1).

Anmerkung: Als fest angebrachte Abtrennungen gelten Abtrennungen, deren Entfernen eine bauliche Maßnahme bedeutet, z. B. im Mauerwerk verankerte Abtrennungen.

11.6 Änderung der Raumnutzung

Nach der nachträglichen Installation dieser in **Bild 11.6** gezeigten Duscheinheit (Fertigduschen-Einheit) gilt dieser ursprünglich (Errichtungszeitpunkt der elektrischen Anlage) als Waschraum genutzte Raum als Bade- und Duschraum und muss an die aktuellen normativen Anforderungen der DIN VDE 0100-701 VDE 0100-701:2008-10 angepasst werden.

Hinweis
Dieser Sachverhalt ist auf alle Installationen (Energieanlagen), bei denen eine neue Nutzung der Räumlichkeiten erfolgt, übertragbar.

Bild 11.6

Normativer Bewertungsansatz

DIN VDE 0105-100 VDE 0105-100:2015-10/2017-06, Abschnitt 4.1.101

„Elektrische Anlagen sind den Errichtungsnormen entsprechend in ordnungsgemäßem Zustand zu erhalten. Bei Änderung der Betriebsbedingungen, z. B. Art der Betriebsstätte (trokken, feucht, feuer- oder explosionsgefährdet), müssen die bestehenden Anlagen den jeweils gültigen Errichtungsnormen angepasst werden."

11.7 Nicht fachgerechter Anschluss

Bild 11.7 zeigt einen nicht fachgerecht ausgeführten Anschluss von zwei Motorschutz-Einheiten mittels „Lüsterklemmen".

Hinweis
Dieser Sachverhalt ist auf alle Anschluss-Situationen in elektrischen Energieanlagen übertragbar.

Bild 11.7

Normativer Bewertungsansatz

DIN VDE 0100-510 VDE 0100-510:2014-10, Abschnitt 512 oder DIN EN 61439-1 VDE 0660-600-1:2012-06, Abschnitt 8.5

Gesamtbeurteilung des Sachverhaltes:

Ein elektrisches Betriebsmittel muss immer bestimmungsgemäß nach den Produktnormanforderungen und den Herstellervorgaben errichtet bzw. montiert werden. Da dies in diesem Fall offensichtlich weder bei den Motorschutzeinheiten noch bei den „Lüsterklemmen“ erfolgt ist, besteht hier ein normativ und technisch begründeter Anpassungsbedarf.

11.8 Elektrische Installation Schwimmbereich

Bild 11.8 zeigt eine nicht fachgerecht ausgeführte Installation (Kabel-Leitungsverlegung) im Nahbereich eines Schwimmbereiches. Das Betriebsmittel (Planung einer 230-V-Leuchte) ist im Schutzbereich 1 angeordnet.

> **Hinweis**
> Dieser Sachverhalt ist auf alle Installationen (Energieanlagen) übertragbar.

Normativer Bewertungsansatz

1. DIN VDE 0100-702 VDE 0100-702:2012-03, Abschnitt 702.30.103:

*„**Beschreibung von Bereich 1***

Dieser Bereich ist begrenzt durch:

– die Grenzen von Bereich 0;

– eine senkrechte Fläche in 2 m Abstand vom inneren Rand des Beckens;“

Bild 11.8

2. DIN VDE 0100-702 VDE 0100-702:2012-03, Abschnitt 702.410.3.101.1:
„Bereiche 0 und 1 von Becken von Schwimmbädern
In den Bereichen 0 und 1 ist nur der Schutz durch Kleinspannung mittels SELV mit einer Nennspannung nicht größer als AC12V oder DC30V erlaubt, ausgenommen, wo 702.55.104 zur Anwendung kommt. Die Stromquelle muss außerhalb der Bereiche 0 und 1 errichtet sein. Wenn die Stromquelle im Bereich 2 errichtet wird, muss 702.530 angewendet werden."

11.9 Störlichtbogenschutz

In der in **Bild 11.9** gezeigten Mittelspannungsschaltanlage ist keinerlei Schutz gegen Störlichtbogenwirkungen für das Bedienpersonal gegeben.

Hinweis
Dieser Sachverhalt ist auf alle Installationen (Energieanlagen) übertragbar.

Normativer Bewertungsansatz

1. DGUV-V-3 Anhang A:

„Anpassung elektrischer Anlagen und Betriebsmittel an elektrotechnische Regeln
Eine Anpassung an neuerschienene elektrotechnische Regeln ist nicht allein schon deshalb erforderlich, weil in ihnen andere, weitergehende Anforderungen an neue elektrische Anlagen und Betriebsmittel erhoben werden. Sie enthalten aber mitunter Bau- und Ausrüstungsbestimmungen, die wegen besonderer Unfallgefahren oder auch eingetretener Unfälle neu in VDE-Bestimmungen aufgenommen wurden.

Eine Anpassung bestehender elektrischer Anlagen an solche elektrotechnischen Regeln kann dann gefordert werden."

Bild 11.9

2. Sicherstellen des Schutzes beim Bedienen von Hochspannungsanlagen nach DIN VDE 0101, 5/89 Abschnitt 4.4 bis zum 31. Oktober 2000 (DIN VDE 0101, 5/89 wurde inzwischen ersetzt).

Hinweis
Zusätzlich wäre die hier genannte Anpassungsforderung bei der obligatorischen Beurteilung aller relevanten Gefährdungen nach § 5 des Arbeitsschutzgesetzes (Betriebliche Gefährdungsbeurteilung) ohnehin als Ergebnis zu erwarten gewesen.

11.10 Extrem verschmutze Trafostation

Bild 11.10 zeigt eine extrem verschmutze Trafostation, die sich zu diesem Zeitraum im vollen Betrieb befunden hat.

Hinweis
Dieser Sachverhalt ist auf alle Installationen (Energieanlagen) übertragbar.

Normativer Bewertungsansatz

DIN VDE 0105-100 VDE 0105-100:2015-10/2017-06, Abschnitt 5.3.3.101.1.1:
„Durch Besichtigen feststellen, ob elektrische Anlagen und Betriebsmittel äußerlich erkennbare Schäden oder Mängel aufweisen.“

Bild 11.10

11.11 Explosionsschutz

Bild 11.11 zeigt eine nicht fachgerecht ausgeführte Installation bzw. nicht vorgenommene Bewertung oder Einstufung durch den Betreiber, ob es sich bei diesem zum Abfüllen von leicht entzündlichen Stoffen verwendeten Arbeitsbereich um einen explosionsgefährdeten Bereich handelt.

GHS-Piktogramm für entzündbare Stoffe

Hinweis
Dieser Sachverhalt ist auf alle technischen Anlagen übertragbar.

Normativer Bewertungsansatz

1. Gefahrstoffverordnung Ausgabe 2017-04

Teilweiser Auszug aus § 6:

„Im Rahmen einer Gefährdungsbeurteilung als Bestandteil der Beurteilung der Arbeitsbedingungen nach § 5 des Arbeitsschutzgesetzes hat der Arbeitgeber festzustellen, ob die Beschäftigten Tätigkeiten mit Gefahrstoffen ausüben oder ob bei Tätigkeiten Gefahrstoffe entstehen oder freigesetzt werden können. Ist dies der Fall, so hat er alle hiervon ausgehenden Gefährdungen der Gesundheit und Sicherheit der Beschäftigten […] zu beurteilen".

Bild 11.11

2. DIN VDE 0100-420 VDE 0100-420:2016-02, Abschnitt 422.3:

„Besondere Brandrisiken (feuergefährdete Betriebsstätten) sind z. B. solche, bei denen das Brandrisiko durch die Art der verarbeiteten oder gelagerten Materialien, Verarbeitung oder Lagerung von brennbaren Materialien einschließlich der Ansammlung von Staub, wie in Scheunen, holzverarbeitenden Betrieben, Papier- und Textilfabriken oder Ähnlichem, verursacht wird. Die Einstufung in feuergefährdete Betriebsstätten liegt in der Verantwortung des Betreibers/Nutzers der elektrischen Anlage, falls notwendig unter Beachtung des Baurechts und der Unfallverhütungsvorschrift DGUV, Vorschrift 1 der Unfallversicherungsträger/Verordnung über Arbeitsstätten."

11.12 Mangel im Explosionsschutz

Bild 11.12 zeigt eine nicht fachgerecht ausgeführte Installation einer Abzweigdose in der Zündschutzart „e" (erhöhte Sicherheit).

Hinweis

Dieser Sachverhalt ist auf alle Installationen (Energieanlagen) in explosionsgefährdeten Bereichen übertragbar.

Normativer Bewertungsansatz

DIN EN 60079-14 VDE 0165-1:2014-10, Abschnitt 4.4.1.1 und Abschnitt 9.6.2

Auszug aus Abschnitt 4.4.1.1:

„Allgemeine Geräte, die nach der Normenreihe IEC 60079 oder der Reihe IEC 61241 zertifiziert sind, erfüllen die Anforderungen für explosionsgefährdete Bereiche, sofern sie nach dieser Norm ausgewählt und installiert werden."

Bild 11.12

Auszug aus Abschnitt 9.6.2:
„Anschlussklemmen
Anschlüsse müssen so ausgeführt sein, dass sie dem Klemmentyp, der Schutzart sowie den Herstellerangaben entsprechen und dürfen keine unzulässige Belastung auf die Anschlüsse ausüben. Wenn mehr- oder speziell fein drahtige Leiter verwendet werden, müssen die Enden gegen Aufspleißen geschützt sein, z. B. durch Kabelschuhe oder Aderendhülsen oder durch die Art der Anschlussklemme, jedoch nicht durch Löten allein. Kriech- und Luftstrecken entsprechend der Zündschutzart des Geräts dürfen durch die Anschlussart der Leiter an die Anschlussklemmen nicht verringert werden."

11.13 Thermografische Auffälligkeit

Bild 11.13 zeigt eine thermische Auffälligkeit am mittleren Anschluss der Niederspannungsseite an einem Mittelspannungstransformator (Trockentransformator) bei ca. 30 % Auslastung.

Hinweis
Dieser Sachverhalt ist auf alle Installationen (Energieanlagen) übertragbar.

Bild 11.14 zeigt eine thermische Auffälligkeit an einem Schraubsicherungselement (umgangssprachlich DIAZED-Element) mit 35 A Sicherungsbemessungsstrom (mit nur ca. 50 % Auslastung).

Hinweis
Dieser Sachverhalt ist auf alle Installationen (Energieanlagen) übertragbar.

Bild 11.15 zeigt eine thermische Auffälligkeit an einem Hauptschalter einer Maschine mit 125 A Bemessungsstrom (mit nur ca. 10% Auslastung).

Beim mittleren Anschluss wurde die Verpressung des Kabelschuhes nicht durchgeführt, der mittlere Anschluss-Kabelschuh ist nur lose auf den elektrischen Leiter aufgesteckt.

Hinweis
Dieser Sachverhalt ist auf alle Installationen (Energieanlagen) übertragbar.

Bild 11.16 zeigt eine thermische Auffälligkeit an einem Schraubsicherungselement (umgangssprachlich NEOZED-Element) mit 35 A Sicherungsbemessungsstrom (mit nur ca. 30 % Auslastung).

Hinweis
Dieser Sachverhalt ist auf alle Installationen (Energieanlagen) übertragbar.

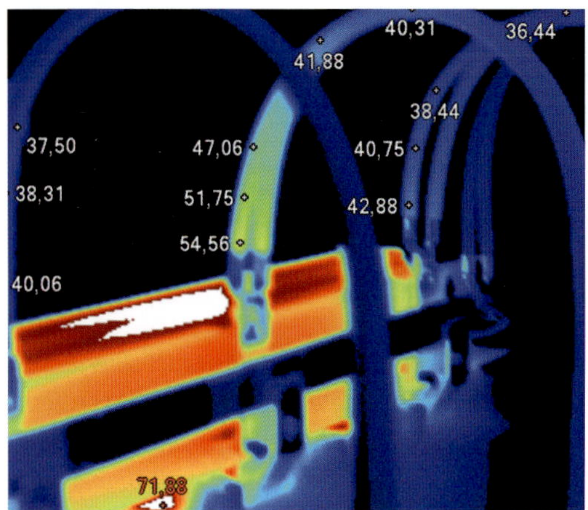

Bild 11.13

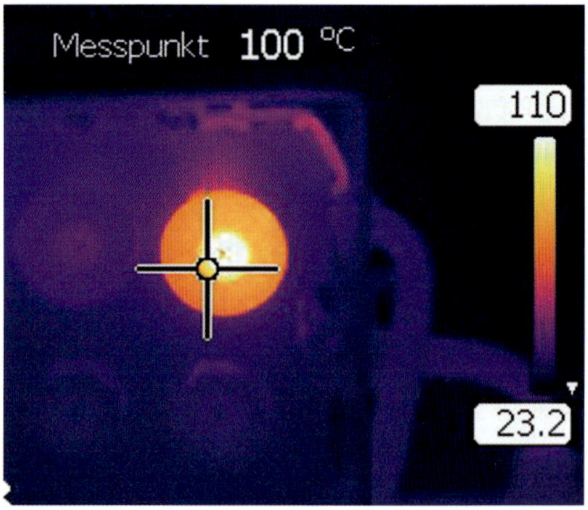

Bild 11.14

Bild 11.15

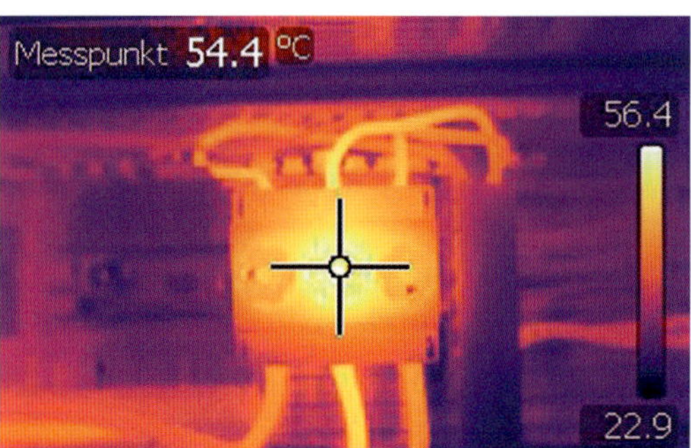

Bild 11.16

Normativer Bewertungsansatz der in den Bildern 11.13 bis 11.16 gezeigten Praxisfällle

DIN VDE 0105-100 VDE 0105-100:2015-10/2017-06, Abschnitt 5.3.3.101.0.2:

„Die wiederkehrende Prüfung, die aus einer ausführlichen Überprüfung der Anlage besteht, muss je nach Anforderung entweder ohne Demontage oder mit Teildemontage

durchgeführt werden, ergänzt durch geeignete Prüfungen nach DIN VDE 0100-600 (VDE 0100-600), Abschnitt 61, einschließlich der Prüfung der Einhaltung der nach DIN VDE 0100-410 (VDE 0100-410) geforderten Abschaltzeiten von Fehlerstrom-Schutzeinrichtungen (RCD), und durch Messungen, um Folgendes zu erreichen:

a) die Sicherheit von Personen und Nutztieren vor den Wirkungen des elektrischen Schlags und vor Verbrennungen und

b) ***Schutz gegen Schäden am Eigentum durch Brand und Wärme, die durch Fehler in der elektrischen Anlage entstehen,*** *und*

c) Bestätigung, dass die Anlage nicht so beschädigt ist oder sich derart verschlechtert hat, dass die Sicherheit beeinträchtigt ist, und

d) das Erkennen von Anlagenfehlern und Abweichungen von den Anforderungen dieser Norm, die eine Gefahr darstellen können."

11.14 Sichtbare thermische Auffälligkeit

Bild 11.17 zeigt eine sichtbare thermische Auffälligkeit an einer Spannungsüberwachungseinheit (Überwachung Netzausfall) für die Not- und Sicherheitsbeleuchtung.

Hinweis
Dieser Sachverhalt ist auf alle Installationen (Energieanlagen) übertragbar.

Bild 11.17

Normativer Bewertungsansatz

DIN VDE 0105-100 VDE 0105-100:2015-10/2017-06, Abschnitt 5.3.3.101.0.2:

„Die wiederkehrende Prüfung, die aus einer ausführlichen Überprüfung der Anlage besteht, muss je nach Anforderung entweder ohne Demontage oder mit Teildemontage durchgeführt werden, ergänzt durch geeignete Prüfungen nach DIN VDE 0100-600 (VDE 0100-600), Abschnitt 61, einschließlich der Prüfung der Einhaltung der nach DIN VDE 0100-410 (VDE 0100-410) geforderten Abschaltzeiten von Fehlerstrom-Schutzeinrichtungen (RCD), und durch Messungen, um Folgendes zu erreichen:

a) die Sicherheit von Personen und Nutztieren vor den Wirkungen des elektrischen Schlags und vor Verbrennungen und

b) ***Schutz gegen Schäden am Eigentum durch Brand und Wärme, die durch Fehler in der elektrischen Anlage entstehen,*** *und*

c) Bestätigung, dass die Anlage nicht so beschädigt ist oder sich derart verschlechtert hat, dass die Sicherheit beeinträchtigt ist, und

d) das Erkennen von Anlagenfehlern und Abweichungen von den Anforderungen dieser Norm, die eine Gefahr darstellen können."

11.15 Ladegerät für Flurförderfahrzeuge

Bild 11.18 zeigt nicht nach den Herstellervorgaben ausgeführte Aufstellungsbedingungen bzw. nicht durch die Herstellervorgaben gedeckte Modifikation (Montage auf einem fahrbaren Gestell) eines Ladegerätes für Flurförderfahrzeuge.

Hinweis
Dieser Sachverhalt ist auf alle Geräte-Modifikationen übertragbar.

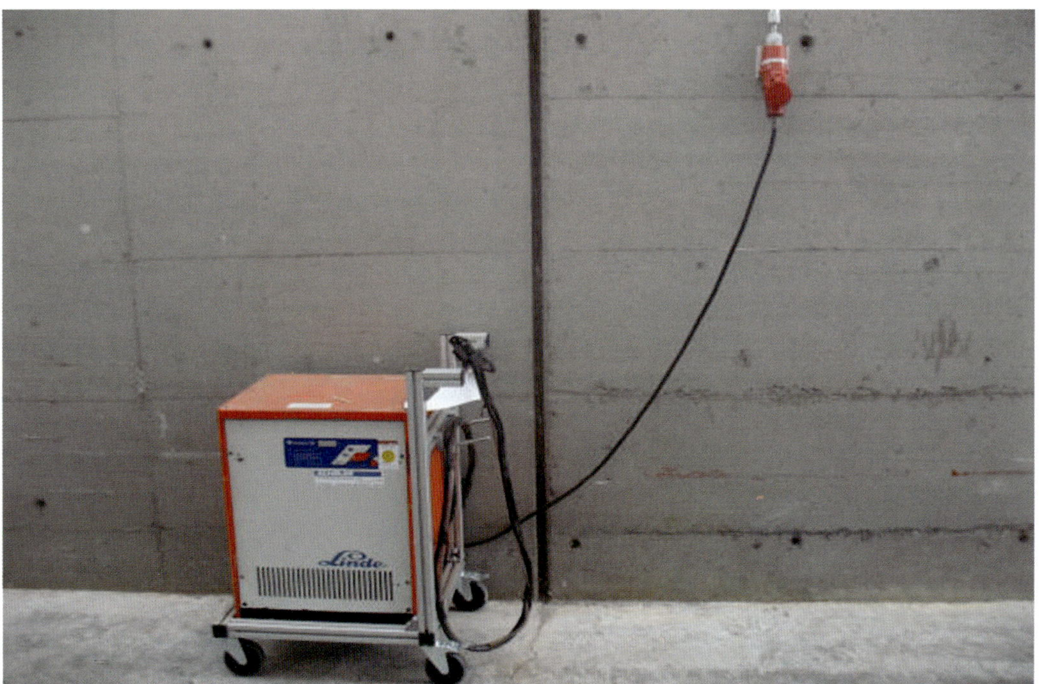

Bild 11.18

Normativer Bewertungsansatz

Nach den einschlägigen Regelungen der Niederspannungsrichtlinie muss ein Hersteller eines Produktes (der Umbauende wird hier rechtlich gesehen zum neuen Hersteller) die einschlägigen technischen Normen einhalten, eine Konformitätserklärung und die Produktkennzeichnung durchführen.

Unabhängig von der hier vorliegenden technisch nur teilweise korrekten Ausführung ist der vorab aufgeführte Rechtsgrundsatz hier von entscheidender Bedeutung, da der ursprüngliche Hersteller jede weitere Verantwortung für sein Produkt zurückweisen kann und somit die komplette Herstellerverantwortung auf die Person bzw. die Organisation, die den nicht fachgerechten Umbau durchgeführt hat, übergeht.

11.16 Zweifelhafter Warnhinweis

Bild 11.19 zeigt einen zweifelhaften Warnhinweis an einer Unterverteilung einer USV-Anlage.

Hinweis
Dieser Sachverhalt ist auf alle Installationen (Energieanlagen) übertragbar.

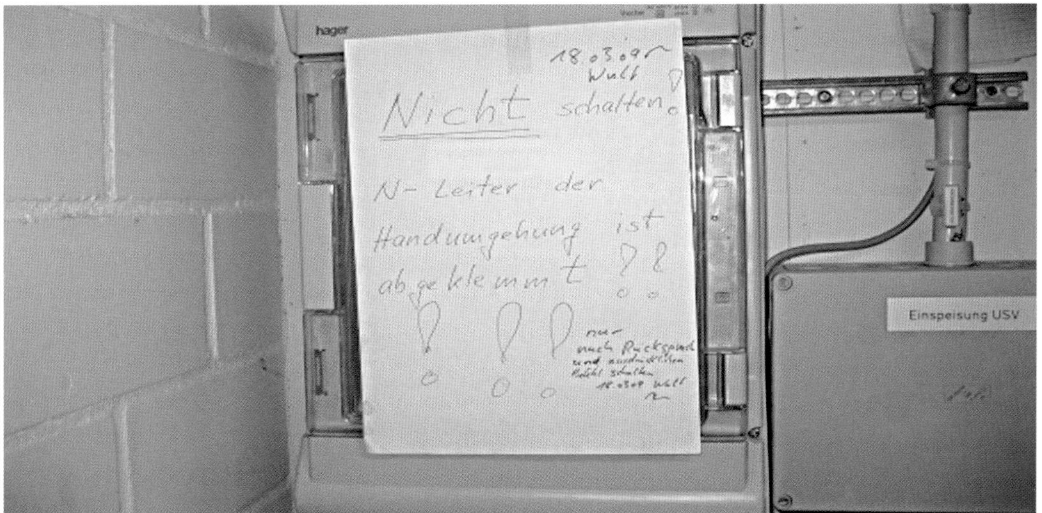

Bild 11.19

Normativer Bewertungsansatz

1. DIN VDE 0105-100 VDE 0105-100:2015-10/2017-06, Abschnitt 5.2.1:

„Schalthandlungen dienen dazu, den Schaltzustand von elektrischen Anlagen zu ändern. Es werden zwei Arten von Schalthandlungen unterschieden:

- *Schalthandlungen zur Änderung des elektrischen Zustands einer Anlage, zum Bedienen von Betriebsmitteln, Ein- und Ausschalten, Starten und Stillsetzen von Betriebsmitteln mit Einrichtungen, deren bestimmungsgemäßer Gebrauch gefahrlos ist;*
- *Ausschalten oder Wiedereinschalten von Anlagen im Zusammenhang mit der Durchführung von Arbeiten"*

2. DIN VDE 0100-460 VDE 0100-460:2002-08, Abschnitt 464.1:

„Es sind Einrichtungen vorzusehen für die Ausschaltung im Notfall eines jeden Anlagenteils, bei dem es notwendig werden kann, die Versorgung auszuschalten, um eine unvorhersehbare Gefährdung abzuwenden."

11.17 Vergessener Fremdkörper in einer Trafostation

Bild 11.20 zeigt einen in einer Trafozelle vergessenen Fremdkörper (abgesägte Stange), der während einer vorangegangenen Reinigungstätigkeit zur Abgrenzung der Gefahrenbereiche verwendet wurde.

Hinweis
Dieser Sachverhalt ist auf alle Fremdkörper in elektrischen Energieanlagen übertragbar.

Bild 11.20

Normativer Bewertungsansatz

DIN VDE 0105-100 VDE 0105-100:2015-10/2017-06, Abschnitt 5.3.3.101.0.2:

„Die wiederkehrende Prüfung, die aus einer ausführlichen Überprüfung der Anlage besteht, muss je nach Anforderung entweder ohne Demontage oder mit Teildemontage durchgeführt werden, ergänzt durch geeignete Prüfungen nach DIN VDE 0100-600 (VDE 0100-600), Abschnitt 61, einschließlich der Prüfung der Einhaltung der nach DIN VDE 0100-410 (VDE 0100-410) geforderten Abschaltzeiten von Fehlerstrom-Schutzeinrichtungen (RCD), und durch Messungen, um Folgendes zu erreichen:

a) die Sicherheit von Personen und Nutztieren vor den Wirkungen des elektrischen Schlags und vor Verbrennungen und

b) Schutz gegen Schäden am Eigentum durch Brand und Wärme, die durch Fehler in der elektrischen Anlage entstehen, und

c) Bestätigung, dass die Anlage nicht so beschädigt ist oder sich derart verschlechtert hat, dass die Sicherheit beeinträchtigt ist, *und*

d) das Erkennen von Anlagenfehlern und Abweichungen von den Anforderungen dieser Norm, die eine Gefahr darstellen können.“

12 Zusammenfassung und Ausblick

Zusammenfassung

In den vorangegangenen Kapiteln habe ich anhand verschiedener Praxisfälle, die mir in meiner Tätigkeit als Sachverständiger für Elektrotechnik begegnet sind, die Anwendung von Normen im Berufsalltag dargestellt. Zusätzlich wurden die den Hersteller- oder Normvorgaben zugrunde liegenden physikalischen und technischen Hintergründe aufgezeigt und verständlich vermittelt.

In meiner täglichen Arbeit als Sachverständiger ist es mir sehr häufig aufgefallen, dass es Praktiker oft an dem Wissen fehlt, wie sie Normen in der Praxis umsetzen sollen. Zusätzlich mangelt es aber oft selbst den Fachplanern an dem notwendigen Know-how, um eine optimale Planung und „Ausführungs- und Umsetzungsüberwachung" gewährleisten zu können. Es sind aber gerade die Fachplaner, die für die technisch und normativ korrekte Umsetzung elektrischer Anlagen verantwortlich sind und somit eine „Schlüsselposition" im gesamten Prozess einnehmen. Unter Berücksichtigung dieses Aspektes wurde versucht, die oft in der täglichen Praxis unbeliebten rechtlichen oder normativen Vorgaben und die Umsetzungsempfehlungen für den Anwender praxisgerecht darzustellen, indem die normativ und rechtlich relevanten Sachverhalte komprimiert dargestellt und wenn notwendig kommentiert wurden.

Ausblick

In jüngster Zeit wird das Themenfeld der Errichtung elektrischer Anlagen durch technische Standards, Normen und, für die Praxis besonders wichtig, technische Leitfäden und Beiblätter zu Normen wesentlich besser abgedeckt. Des Weiteren fällt es dem Praktiker sehr häufig extrem schwer, die normativen Mindeststandards von den weiteren technischen Möglichkeiten oder auch mancher etwas zu optimistischen Aussage eines Herstellervertreters abzugrenzen. Dies wäre jedoch meist schon ohne großen Aufwand und Normenstudium anhand einiger grundlegender Betrachtungen und Analysen der wichtigsten Parameter und physikalischen Ansätze der Gefährdungslage möglich. Aus diesem Grund wurden die vorangegangenen Kapitel auch erstellt, um dem Praktiker ein Nachschlagewerk für die tägliche praktische Anwendung an die Hand zu geben.

Die nachfolgenden Ansätze sollen im Ausblick auf die kommenden, sicherlich sehr spannenden, Jahre im Bereich der Elektrotechnik dazu beitragen, elektrische Anlagen, aber auch Arbeitsmittel, noch sicherer bzw. mit weniger Mängeln zu gestalten.

Ansatz 1:
Umsetzung regelmäßiger Wiederholungsprüfungen ortsfester elektrischer Anlagen und von Arbeitsmitteln, wie sie im gewerblichen Bereich eigentlich selbstverständlich sein sollten.

Ansatz 2:
Zusätzliche und regelmäßige Qualifizierungen für Elektrofachkräfte.

Ansatz 3:
Schaffung zusätzlicher Zertifizierungssysteme für Prüfer bzw. Sachverständige für Elektrotechnik, um den „Wildwuchs" in diesem Bereich etwas einzudämmen.

Ansatz 4:
Stärkung der Berufsausbildung im Elektrohandwerk, um dem Fachkräftemangel zu begegnen, und zur Stärkung der Meisterausbildung im Elektrotechniker-Handwerk sowie zur Beibehaltung der handwerksrechtlichen Zulassungsvoraussetzungen zur Tätigkeit im Elektrohandwerk.

Ansatz 5:
Erhöhung bzw. Stärkung der Transparenz der elektrotechnischen Normung, um den Elektrofachkräften die aktive Beteiligung bzw. Mitwirkung daran zu erleichtern.

Ich wünsche allen im Bereich der Elektrotechnik tätigen Personen und Organisationen viele spannende Jahre bei der sicheren Berufsausübung.

Stichwortverzeichnis

Notizen

Notizen